度小月系列

度小月系列

度小月系列

關於度小月……………

在台灣古早時期，中南部下港地區的漁民，每逢黑潮退去，漁獲量不佳收入艱困時，為維持生計，便暫時在自家的屋簷下，賣起擔仔麵及其他簡單的小吃，設法自立救濟度過淡季。

此後，這種謀生的方式，便廣為流傳稱之為『度小月』。

編輯室手札

景氣不好、工作難找、民生物資漲漲漲……面對瘦到不像樣的荷包，很多人都會興起乾脆自己開小吃店或擺路邊攤創業賺錢的念頭，可是開店要用的生財器具哪裡買？要準備多少資金才夠？小吃五花八門，怎麼做才能好吃到吸引顧客上門？林林總總多到數不清的問題，在決定創業後不斷地冒出來……新手上路本來就已經很辛苦了，再加上這些大大小小的問題，讓很多人尚未開始嘗試就打了退堂鼓。

因為知道創業者的需求，所以大都會文化推出的《路邊攤賺大錢系列》1 至 13 集，每本書都精心介紹各種路邊攤美食的製作過程及創業所需的各種資訊，網羅的層面更是寬廣到從路邊小吃、飾品配件、清涼冰品、元氣早餐到異國風味……種類應有盡有，讓所有想創業的人能有更多、更豐富的選擇。

而這本《路邊攤賺大錢》第 14 集「精華篇」重新安排採訪、拍照，整理潤飾了第 1 集「搶錢篇」、第 2 集「奇蹟篇」到第 3 集「致富篇」當中，就算經歷全球性的經濟不景氣，營業額仍然驚人的美味小吃店家，透過老闆再一次的經驗分享，讓讀者了解創業會碰到的各種困難、如何調整心態，以及如何做出好吃的料理，使顧客一吃就上癮。希望這些精心整理的內容，能令有志投入路邊攤創業的人，節省許多摸索的時間，成功地靠路邊攤賺大錢！

＊本書所刊載的價錢一覽表，皆以重新採訪時的物價為準

大都會文化編輯部◎編著

路邊攤賺大錢 money 14

【精華篇】

搶救失業不景氣
打敗貧窮不爭氣

非看不可
非學不可
非賺不可

這是一本
- 轉業、失業和待業的最佳創業指南
- 最鉅細靡遺的獨家美味製作步驟
- 老饕最愛的小吃美食店家詳細介紹

蚵仔麵線、滷味、現烤香腸、鹹酥雞、胡椒餅、蔥油餅、甜不辣、豬血湯、藥燉排骨、紅燒鰻、魷魚羹

目錄

頂級甜不辣

獨特醬料滋味佳
料好湯鮮暖脾胃

122

昌吉街豬血湯

口味傳統
口碑一流

140

陳董藥燉排骨

藥膳養生最滋補
口感清爽沒負擔

158

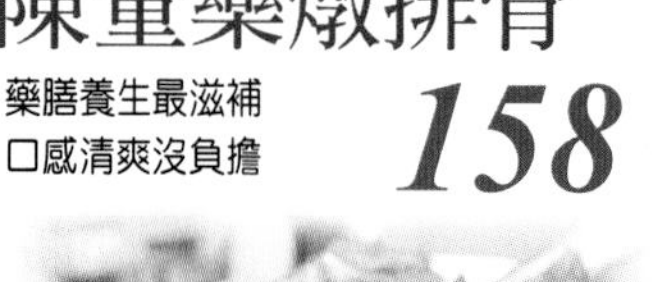

昌吉紅燒鰻

現代經營
模範小吃

176

兩喜號魷魚羹

傳承三代老字號
嚼出香Q好味道

196

中和蚵仔麵線

中和蚵仔麵線

老　　闆：**楊文淵先生**

店　　齡：**30 年**

營業地點：**台北縣中和市宜安路 117 號**

聯絡方式：**（02）2944-6451**

營業時間：**1：00PM ～ 2：00AM**

美味評價 ★★★★★

人氣評價 ★★★★★

服務評價 ★★★

價位評價 ★★★★

特色評價 ★★★★

地點評價 ★★★

名氣評價 ★★★★★

衛生評價 ★★★★★

中和路
宜安路
安平路
中和蚵仔麵線

一試成主顧

我雖然不敢自稱美食通，不過初次看到一家麵線攤子的人潮像「阿宗麵線」一樣絡繹不絕，更令人咋舌的是他們竟是在一般的住宅區營業，再怎麼樣也非得去嚐嚐鮮才行！哇～果然一試成主顧，而且這家麵線攤的生意可是愈夜愈好吃、愈晚愈美麗，常常可見熬夜開車的計程車司機們上門光顧，少說也得吃個 2 碗以上才甘願走人的盛況。

話說從頭

原先從事機械製造的楊老闆跟親愛的老婆，在 2、30 年前決定趁年輕北上闖一番事業，而當時除了一股年輕氣盛的好精力之外，其實對於個人創業並沒有太具體的計畫，正巧當時所借住的朋友家，懂得一點小吃經營的本事，於是他便將蚵仔麵線的技巧學了起來，買了一些簡單設備，就在自家門前做起了生意。

起初夫妻倆甚至還很辛苦的到處推著攤子在中和一帶營業，希望能藉著流動人潮多帶來一些營收，不過也許是口味不對的關係，第 1 年的生意一直都只能算是慘澹經營，但是聰明的楊老闆懂得到處去試別人的口味不斷改進，從第 2 年開始，生意奇蹟似的起死回生，漸漸地就連外地的客人也時常聞香下車，經過一傳再傳的口碑推薦，在第 5、6 年時麵線攤的生意達到顛峰，而且就像日本美食節目時常拍攝的盛況一樣驚人，還沒開始營業，就已經有客人迫不及待地在等著排隊了。

當時每天營業 4 個小時左右就可以賣出 1800 碗！有趣的

是，據說有許多知名藝人或是政商界名人也都是他們的座上客，像是知名藝人蕭薔也是老主顧，而李登輝政府時代也常見隨身幕僚來大量外帶。隨後更在時報周刊的報導曝光之下，透過媒體知名度遍布全球（不誇張，就是有美國華人回台灣時都不忘來品嚐一番），自此鞏固麵線事業。

心路歷程

不迷信的楊老闆，賣蚵仔麵線 30 年，曾經搬過一次家到目前的營業地點，卻從來不曾試著尋求風水之類的幫助，一直以來靠著實在的調味和材料，平均每個月都維持相當令人稱羨的營業額（我想相當於一個總裁的月薪吧）。

真正要問到生意能夠一直如此興隆的原因，其實說難不難，就在於憑著良心做生意，像是在材料的選擇和處理上，絕對不

偷工減料或是濫竽充數，到現在他們還是維持著使用當天採買的材料來煮麵線的大原則，儘管物價飆漲速度也令他們逐漸覺得吃力，而將麵線配料改成了肉羹、蚵仔和少少的大腸，他們卻還是能夠驕傲的拍拍胸脯保證，做的絕對是良心生意。

此外，小吃生意想要賺錢的不二法門，就是要擁有絕對的耐心與毅力，若是憑空想要在短短 3、5 年間一夕致富絕不可能；雖然這波不景氣也影響到他們的生意，無法比起當時全盛時期客人站著吃都甘願的神奇盛況，不過「一分耕耘，一分收穫」的道理亙古不變，也難怪楊老闆的蚵仔麵線還是依舊魅力驚人，所向披靡了。

 命名由來

不知道該說楊老闆是怕麻煩或是有生意專利權的良好概念，從來沒有想過幫攤子取個讓客人好認的名字，他怕腦筋向來動得快的台灣人，勢必會產生連鎖效應般的不斷 Copy，而這樣一來的魚目混珠其實對他來說並沒有任何好處。

經營狀況

地點選擇

由於個性使然，楊老闆從來沒有想過在熱鬧的夜市做生意，攤位就設置在自家門前，所以也省下了租金的支出煩惱；只是缺點在於平日能夠頻繁光顧的外地人畢竟有限，而附近的好鄰居們也不可能麵線照三餐吃，因此只好在假日人潮較多的時候卯起勁來多賣幾碗。

店面租金

雖然不是在人潮眾多的夜市擺攤，不過設在自家門前的攤位，有一項人人稱羨的優勢，那就是租金費＝0元，所以在成本方面節省不少。

硬體設備

做生意的門面攤位所需要的攤車、煮麵線的鍋具、保鮮用的冰塊、切割豬腸與分香料的機器，都是在環河南路一帶購買，根據楊老闆的經驗，以目前的物價來說，想要從事麵線小吃生意，光是在器材的準備上，克難將就的基本配備，大約需要 10 萬元左右的資金才能順利搞定。

人手

兩班制，中午是由大

媳婦和工讀生 2 人負責，晚上的尖峰時段（七點後）則是由二兒子夫妻倆，及 2 名工讀生負責。

客層調查

除了中永和一帶的居民之外，在接近入夜時分以夜班計程車司機為大多數，假日時則會增加許多慕名而來的外地客人，甚至還有那種從年輕單身時期到現在成了爸爸身分，還帶著兒子不定時過來捧場的老客人；而許多知名藝人也都曾經賞光，像是劉爾金、唐從聖（其實還有很多，可是老闆一時想不起來），

甚至如果你有閒有空在平日下午時段來光顧楊老闆的麵線攤，說不定也可以和他一樣一睹蕭美人的風采喔！

人氣項目

料多味美堅持傳統口味的中和蚵仔麵線，每碗只要 35 元，配料豐富又實在。肥美飽滿的鮮蚵、香脆有勁的大腸，再加上 QQ 的肉羹，絕對物超所值，美味滿分！

 營業狀況

受到不景氣的影響，為了維持營業額，因此調整了營業的時間，從原本下午 2 點提前至下午 1 點，不但能讓中午用餐的客人也能夠品嚐到美味的中和蚵仔麵線，也讓銷售量平穩的維持在平均每日約 800 多碗左右。

未來計畫

談起未來的計畫，老闆娘表示，在將來如有機會，並不會排斥拓展分店，但目前仍然是以穩定為首要目標，並沒有開分店的打算，以鞏固現有的客層為首要任務。

數據大公開

項目	數字	說說話（備註）
開業年數	30 年	
創業資本	10 萬元	
月租金	無	因為是自家騎樓的店面
人手數	共 6 人	採二班制，晚餐及宵夜的尖峰時段為 4 人
座位數	約 30 個	看到位子就要快點搶著坐，否則客人總是不停上門呢
每日來客數	約 840 人	約略推估。晚餐及假日人數較多
每日營業額	約 37,800 元	
每月營業額	約 1,134,000 元	
每月進貨成本	約 525,000 元	
每月淨賺	約 609,000 元左右	經專家估計，利潤約 5 成
公休日	農曆新年	

老闆給新手的話

老闆十分堅持做生意所應該秉持的良心和道德，如果他自己都不敢吃的東西絕不會賣給客人，因此他所用的材料都是每天固定到市場採買，絕對不含防腐劑在裡面；同時他也認為從事小吃生意，耐心是成功的重要一環。他看過許多半路出家的例子，那些人打上他的名號，想要一蹴可幾，但是結果生意都做不起來，如此一來反而得不償失。

做法大公開

材料

1. 手工麵線 10 斤，約可煮出 4 鍋（1500 碗）的份量，一斤麵線約需 14 斤高湯
2. 肉羹 10 斤
3. 蚵仔 10 斤
4. 大腸 5 斤（因單價較高，因此份量減少）
5. 香菜 6 斤
6. 蒜泥 5 ～ 6 斤
7. 蝦米 4 兩
8. 太白粉適量
9. 柴魚片或炒香的扁魚干適量
10. 味精少許
11. 鹽少許
12. 醬油適量調色

哪裡買？

・製作所需各種調味料及南北貨可至迪化街購買

・其餘材料皆可至環南市場大宗採購

價錢一覽表：（以約可煮出 4 鍋（1500 碗）的份量計算）

項目	所需份量	價錢	備註
手工麵線	10 斤	約 450 元	
肉羹	10 斤	約 1300 元	可買現成
蚵仔	10 斤	約 1000 元	不泡水的純蚵仔
大腸	5 斤	時價	
香菜	6 斤	時價	
蒜頭	6 斤	約 172 元	
蝦米	4 兩	約 25 元	

製作方法：

1. 前製處理

豬　腸（1）翻至內側以醋加鹽清理腸內的肽油及穢物。

（2）用調味料（醬油、冰糖、老薑、蔥段）醃製 30 分鐘以去除大腸腥味，並用水將大腸洗淨。

（3）再用熱水烹煮約 20 分鐘，讓大腸熟透。

（4）沖冷水後以機器切割。

生蚵 （1）用鹽去除黏液後，水洗瀝乾。

（2）用蕃薯粉攪拌均勻。

（3）開水汆燙撈起。

（4）再置入已經加好油蔥酥及調味料的湯桶內。

麵線 （1）剪成約 2 吋長。

（2）用滾水汆燙，再過冷水使其較具Q度，但不沾黏。

肉羹 （1）至市場買魚漿，將其摔打成較有彈性。

（2）豬肉切成絲。

（3）加番薯粉將豬肉絲翻攪均勻。

（4）將（1）&（3）充分混合攪拌

（5）將裹上魚漿的豬肉條一條一條放入煮沸的水中，直到肉羹浮起，即可撈起放涼備用。

2. 後製處理

（1）將麵線加入剛才煮蚵仔的高湯，一邊攪拌一邊加入太白粉水，成濃稠狀即可。

（2）加入少許的鹽（因為麵線本身帶有鹹味，不需加太多）。

（3）倒入醬油上色，並加入適量的味精調味。

（4）待麵線煮滾熟後，再加入肉羹、大腸。

（5）加入調味好的蚵仔湯均勻攪拌即可。

（6）食用時酌量加入黑醋、蒜泥、香菇、香油、胡椒粉等調味料。

3. 獨家撇步

（1）蚵仔費時熬煮的高湯，自然的新鮮美味，有別於一般在坊間以柴魚片調味的普遍性。

（2）蚵仔不可燙過熟，否則會變小。

製作步驟

1. 準備材料：手工麵線、豬腸、蒜泥、蚵仔、香菜、肉羹、調味料。

2. 將豬腸洗淨、煮熟備用。

3. 蚵仔裹粉入鍋煮熟後撈起，再置入已經加好油蔥酥及調味料的湯桶內。

4. 將麵線加入剛才煮蚵仔的高湯。

5. 充分攪拌煮熟後，加入大腸及肉羹。

6. 加入調味好的蚵仔湯。

7. 均勻攪拌。

8. 麵線羹成品。

燈籠滷味

燈籠滷味

老　　闆	：陳啟發先生
店　　齡	：19 年
營業地點	：台北市龍泉街 52 號
聯絡方式	：（02）2362-3374
營業時間	：4：00PM ～ 2：00AM

美味評價 ★★★★★

人氣評價 ★★★★★

服務評價 ★★★★★

價位評價 ★★★★★

特色評價 ★★★★

地點評價 ★★★★★

名氣評價 ★★★★★

衛生評價 ★★★★★

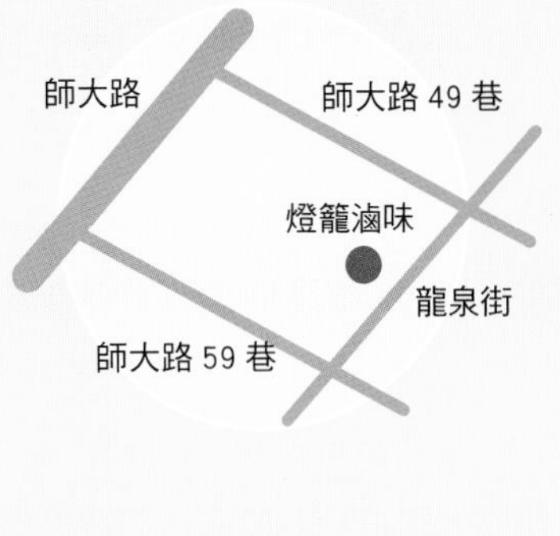

顛覆冷著吃，滷味加熱大流行…

突破了傳統滷味的刻板觀念，加熱滷味改變了台灣人對於滷味的另一種飲食習慣，同時蔚為風潮，並且似乎還有愈演愈烈的趨勢，現在幾乎可見大街小巷（尤其在主要的辦公商圈一帶）都有小型加熱滷味的攤子，只需憑著一只電鍋和一、二個鍋子即可做起小生意。至於加熱滷味的起源地，更是成為台大師大商圈一帶學生們的特殊回憶，而且藉著他們的親身口碑才能夠讓燈籠的加熱式滷味發揚光大。

話說從頭

說起來陳先生一家可是有年代、有歷史的小吃世家，在19年前，陳先生和陳太太原本從事紅豆車輪餅的小吃生意，不過卻得看天氣做生意，一到了夏天悶熱的季節，顧客想要光顧的意願也就少之又少，不甚穩定；於是夫妻倆亟思轉業，從事一種一年四季不受天候影響的小吃業。正巧他們在高雄看到加熱滷味這個行業，頗有興趣的他們，在回到台北之後就開始尋找學習的門路。而正好陳先生的父親在西門町一帶從事小吃業生意已久，人面甚廣的他也因為認識「老天祿」的師傅而居中牽線，於是陳先生和陳太太就跟著學習滷味的製作過程，隨即回到他們向來做生意的師大路商圈一帶，開始賣起加熱滷味。

早期的燈籠滷味其實也只是賣些台灣人習慣的簡單口味，

像是海帶、豆干之類的食物，如今在燈籠滷味中算是熱門的高麗菜，也是偶然之間有幾位客人看到陳太太自己滷高麗菜來吃，就隨性的要求點一份同樣的食物，不過就在客人愈來愈風靡滷高麗菜的口味時，陳先生和陳太太當時還因為人手不足，所以通常在晚上 11 點以後，才有空接受顧客點高麗菜滷味。而近年來由於燈籠滷味實在太受歡迎，才在永和的樂華夜市開了一家分店，跟師大商圈的滷味總店同樣設置店面，方便顧客坐著享用。

心路歷程

當初國內市場因為政治因素，外銷市場不景氣，便轉行從事小吃生意，在近 30 年的時間中，陳先生和陳太太 2 人從白手起家到現在的生意興旺，一路走來著實甘苦自知；像是他們一開始賣起加熱滷味時，除了必須忍受十分漫長的工作時間所帶來的體力消耗，還得一步步摸索出顧客的喜好口味，再加上收攤後還得準備隔天做生意所需要的材料，市場採購、洗菜、切菜、滷味的功夫樣樣馬虎不得，平均每天的工作時數長達 18 個

小時以上，其實都已經不是一般人所能負荷的了。

再加上為了多一點營收，通常他們都必須犧牲週休假日和家人的相處時間；而且做小吃生意除了天氣變化等不可預測的風險之外，還得承受因為沒有店面的關係，必須隨時注意警察的罰單取締，再不然就是得應付房租調漲的現實壓力，因此現在的收穫真可算是一步一腳印的成果。而且附近鄰居看到他們的生意那麼好，也會想要跟著沾光，儘管是開起一樣的店面，陳太太說一開始也會擔心如此一來會分散不少客源，不過畢竟他們的顧客群都還算固定，再加上他們的價格公道，即使單價低了些，但是只要人潮不斷，又能分工合作把握做生意的賺錢時機，其實也不會有太大的影響。

 命名由來

在當年甫營業時並沒有掛上任何招牌，陳先生只是簡便的掛上 2 個燈籠，除了方便照明之外，便是用來當作攤位的明顯地標，不過師大商圈一帶的學生為了方便稱呼，一開始只是隨口命名，卻沒想到「燈籠滷味」自然而然的就成為陳家滷味的招牌了。

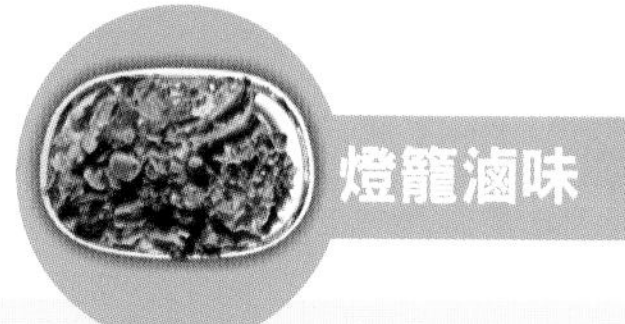

經營狀況

地點選擇

早在警察曾經取締過師大一帶的流動攤販之時，所有的小吃攤便陸續集中在龍泉街一帶營業，為了一勞永逸，陳先生夫妻租下了原本的泡沫紅茶店做起生意，和紅茶店老闆達成協議，也能讓顧客坐著享受燈籠滷味的美味。再加上師大地區的人潮頻繁而穩定，所以生意歷久不衰。

店面租金

由於燈籠滷味使用到店面的關係，因此租金比起一般小吃攤來的貴，每個月要花將近 20 萬元，不過租下店面做生意的好處也不少，除了可以不必提心吊膽的閃躲警察取締外，顧客也比較能夠方便而安心的享受美味的滷味餐點，這是老闆對於顧客這些年來的支持，所給予的將心比心的回饋。

 硬體設備

其實從事滷味生意的硬體器材十分簡單，不過陳太太說幾年前因為白鐵比較貴，所以當初他們大概花了 2、3 萬購買攤車；至於冷藏食物材料所用的冰箱，為了配合他們生意上的需要，一個四門冰箱，上方可冷凍肉品，下面則用來冷藏蔬菜類，大

約的單價在 20,000 ～ 25,000 元；其他像是快速爐、烹煮材料的鍋具和小盤子等設備則視個人需要而定，在環河南路上都有販售。

人手

目前燈籠滷味於主要營業時段：下午 5 點至晚上 12 點，現場基本服務人手至少 6 位。晚上 12 點之後由於人潮漸少，因此讓員工先行下班，由自己人顧攤至收攤。

人手配置上分別是選菜區 2 位、結帳 1 位、切菜 1 位、滷味加熱 1 位及外場尋視招呼 1 位。除了選菜區 2 位為正職員工擔任外，其餘皆為兄弟親戚。例如滷味的加熱及調製，是最需要經驗及體力，因

此由陳老闆的二弟及三弟每人每天輪值一個半小時。當另一人輪值時，另一位就可以有一個半小時的休息時間，是很人性化的上班方式。

而陳老闆則是負責每日一大清早的新鮮食材的採買、清洗、滷製及配送，因此當攤位下午四點開始營業時，就是陳老闆開始休息的時間。陳大嫂則負責樂華夜市攤位的經營。

客層調查

師大一帶商圈屬於環境比較單純的文教區，因此光臨的顧客也都以學生和上班族為主，而且陳太太說這裡的學生品行單純，又很有禮貌，雖然消費額不高，做起生意來卻比較輕鬆與放心。至於樂華夜市的滷味攤，三教九流的顧客難以掌握，不過人潮比較多。

人氣項目

學生族群食材偏好為百頁豆腐、脆腸、大豆乾、王子麵、高麗菜、綠花椰

菜等易飽足食材為主。而上班族除了上述食材外，還偏好較高單價的滷腿肉、大腸等以兩計價的食材，不過一大塊滷得夠味的豬後腿肉平均也才 35 元呢。

 營業狀況

雖然這些年經濟不景氣，但是師大商圈這邊的房價不僅沒降還持續上漲中。燈籠滷味老闆的二弟媳說，他們非常自豪的地方就是物價雖持續上揚，可是他們食材的單價多年來一樣維持不變，因此蔬菜類的單價，仍是一份 20 元不變，大部分食材也維持一份 10 元～ 15 元之間，持續以高品質低單價回饋顧客。

不過景氣差還是有影響到生意，平日一至四，業績算是差強人意，主要客群為附近的上班族及學生；在假日開始前一天，

人潮才會大量湧現，主要是多了逛街人潮及攜家帶眷的家庭客層。

至於每天賣出多少量並沒有明確估算，只能説較往年掉 1、2 成左右。

未來計畫

將燈籠滷味好好的穩當經營，就是陳老闆未來的計畫。由於親人間彼此分工配合的工作模式已經常態化，而且配合得很好，連正職員工也與他們齊心工作，大家工作時同時工作，休假時同時休假，就像一家人一般。只希望讓燈籠滷味持續提供物美價廉的食材滿足饕客的胃。

數據大公開

項目	數字	說說話（備註）
開業年數	19 年	
創業資本	約 10 萬元	簡單的攤車和冰箱等冷藏設備
月租金	約 200,000 萬左右	含泡沫紅茶店面 1、2 樓
人手數	6 人	選菜區 2 位、結帳 1 位、切菜 1 位、滷味加熱 1 位及外場尋視招呼 1 位
座位數	約 70 個	店內用餐需另消費 30 元以上飲料
每日來客數	約 900 人	含假日來客數之推估
每日營業額	約 90,000 元	以平均 1 人約消費 100 元推算
每月營業額	約 2,520,000 元	不含樂華夜市分店
每月進貨成本	約 1,176,000 元	不含樂華夜市分店
每月淨賺	約 1,344,000 元	經專家估計，利潤約 5 成
公休日	過年及隔周一休假	另配合市場休市

老闆給新手的話

對於有興趣從事滷味小吃生意的新手，陳太太覺得除了要有心理準備，能夠忍受十分長的工作時數之外，再來就是要能掌握開設的地點，因為人潮多，所使用的材料才不會因為賣不出去而浪費，而且滷味絕不能放隔夜賣，再次下鍋會變黑縮水，賣相絕不會太好看。所以為了食材新鮮，陳先生和陳太太都會在清晨大約 4、5 點左右就到批發市場選購，搶先挑選漂亮的菜色，再請人送貨，維持食材的新鮮與刻苦耐勞等，都是要做好滷味生意不可避免的困難和成功秘訣。

做法大公開

材料

1. 高麗菜　2. 青椒　3. 四季豆

4. 茭白筍　5. 金針菇　6. 豬耳朵

7. 鴨翅膀　8. 雞胗　9. 其他肉類

10. 滷包：大茴、小茴、陳皮、八角、甘草（可視當地口味調整）

哪裡買？

以上食材均可視個人需要增減，而滷汁包則可以自行調配口味或是購買現成滷包使用。至於青菜類可到大型的果菜批發市場購買，肉類則可以到環南市場購買，比較便宜。

價錢一覽表：

項目	價錢	備註
高麗菜	約 6 元／ 1 斤	價格視季節、產地波動
青椒	約 17 元／ 1 斤	價格視季節、產地波動
四季豆	約 30 元／ 1 斤	價格視季節、產地波動
茭白筍	約 28 元／ 1 斤	價格視季節、產地波動
金針菇	時價	冬天比較便宜
鴨翅膀	120 元／ 1 斤	
雞胗	85 元／ 1 斤	
豬耳朵	35 元／ 1 斤	

製作方法：

1. 前製處理

青菜類（1）將殘餘的農藥以水洗淨，用水浸泡，撈起、切段，備用。

肉　類（1）將鴨、雞、豬等肉類除毛洗淨；腸類或內臟類以白醋加鹽處理，除可去污垢外，亦可防止腐敗。

（2）將水及滷包以大火加熱至滾，加入待滷的肉類及豆干（海帶最後快滷好才放），滷汁需蓋過滷物。

（3）加入少許的酒及冰糖、適量的醬油調味。

（4）以中小火慢滷約 1 小時左右（視滷物多寡而定）。

（5）熄火悶約 15 分鐘，讓滷物入味。

（6）撈起拌上香油，置涼即可備用。

2. 後製處理

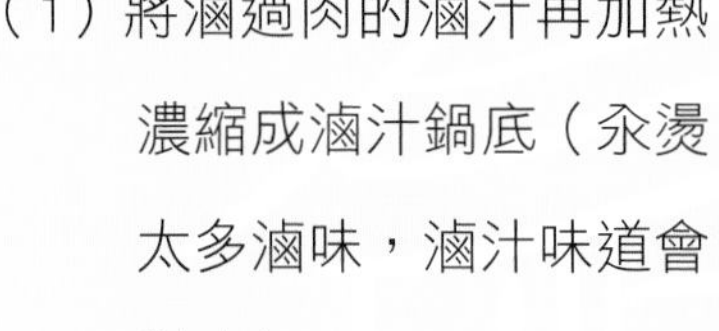

（1）將滷過肉的滷汁再加熱濃縮成滷汁鍋底（汆燙太多滷味，滷汁味道會變淡）。

（2）將欲食用的蔬菜及滷味，分別依不同的時間入滷汁中汆燙至熟或入味。

（3）撈起後灑上香油、鹹菜及蔥花、辣椒、胡椒粉或特調醬油膏即可。

3. 獨家撇步

（1）不偷懶，滷包參考各方秘訣親自調味，也能試著滷出古早味的佳味。

（2）每種食材滷的時間必須依肉類、菜類、豆類來拿捏，才能滷出食材的好風味。

製作步驟

1. 將客人點好的東西切好待滷。
2. 將材料下鍋滷製。
3. 滷滾約數分鐘。
4. 客人內用裝盤，調味及放入鹹菜、蔥花。
5. 滷製後成品。

1.

2.

3.

4.

5.

皇家現烤香腸

皇家現烤香腸

老　　闆：**黃先生**

店　　齡：**20 年**

營業地點：**台北市泉州街 32 號之 2**

聯絡方式：（02）2309-7428

營業時間：1：00PM ～ 7：30PM

美味評價 ★★★★★

人氣評價 ★★★★★

服務評價 ★★★★★

價位評價 ★★★★★

特色評價 ★★★★★

地點評價 ★★★

名氣評價 ★★★★★

衛生評價 ★★★★★

親切的古早味

皇家香腸的口味完全是自製自賣，使用簡單的燒烤方式卻可以讓香腸口味像是吃起豬肉乾那般香甜，而且皇家香腸完全不使用任何醬料來添加香味與強調美味；一個小小的香腸攤，卻讓人感受到無比親切的熱忱招待，更讓我覺得物超所值。

話說從頭

黃老闆原來從事的雕刻工作和小吃類完全無關，不過當初為了多點賺錢的門路，正巧身邊的朋友經營烤香腸的小吃生意的確不賴，於是他也跟著邊學邊賣，兼差做起生意；起初他只是向賣香腸的盤商批貨來賣，過了 1、2 年，就在盤商打算退休不做製作香腸生意之時，黃老闆於是把握機會拜師學藝，決心將這門功夫學起來，大約花了一星期的時間體驗所有製作流程。

經過了 1、2 年的時間，黃老闆便將生意重心完全放在香腸製作及烤香腸的小吃攤上，心無旁騖的認真經營，不過好不容易花了 4、5 年的時間才漸漸建立皇家烤香腸的名氣，警察卻開始大量取締流動攤販，於是黃老闆四處尋找到目前的地點設攤，希望藉由隔壁的麵線攤子來吸引一點人潮，果然這招奏效，漸漸的人潮聚集景

象一傳十，十再傳百，也因此讓皇家香腸的名聲遠播，於是愈來愈得心應手的黃老闆，也就順水推舟的持續這門事業。

謙虛的黃老闆，還極力謙稱是由於大家的不嫌棄，才願意光臨他的香腸攤，我倒覺得他說的真是客氣話，這麼有實力的香腸口味，如果會賣不好那才是令人覺得匪夷所思呢！

心路歷程

皇家香腸從一開始的流動攤販生意，到現在的有口皆碑，其中也花了一番不小的功夫和時間，雖然皇家香腸製作的口味傳統紮實，黃老闆也曾經以批發形式讓幾個朋友去試著賣賣看，不過都還是得要耐心的經過時間考驗。黃老闆一直以來就是規規矩矩的將生意做好，好不容易找到還不錯的地點，就賣力的維持生意穩定，因此才有今日的成就。他說近年來因為一些媒體的報導，對他的生意有絕對正面的推波助瀾之勢，像是之前經過電視節目一曝光，隔天前來一試味道的好奇民眾絡繹不絕，硬是讓他們忙了一整天才收工。

也許是對於自家香腸的品質保證有絕對的信心，黃老闆認為真正的傳統食物，其實很難因為隨波逐流的流行而突然被淘

汰，他自己當然也嘗試過花式香腸的味道，雖然覺得花式香腸充滿另類創意，但他還是偏愛自己所製作的傳統口味；說真格的，吃過皇家香腸之後才會恍然大悟烤香腸的魅力所在，年輕一輩的我們也才能稍稍了解，香腸為何能夠經過這麼久遠的時間考驗，卻依然是逢年過節上菜時，重要的應景食物了。

命名由來

黃老闆並沒有刻意為自家的美味香腸取個響亮的名號，只是幾個簡單的形容詞：自製、現烤、簡單、美味，卻是恰到好處的點出皇家香腸獨家的口感所在。當然黃老闆對於自家香腸也是擁有絕對的信心，只要口味好，總有一天絕對等到客人上門光臨。

經營狀況

地點選擇

當初選擇這個地點，是希望藉由隔壁同樣在做小吃麵線生意的客人，偶爾順道光臨他的香腸攤，增加一點業績，慢慢的因為客人所建立的口碑，進而開始鞏固他自己的客源，甚至有時原本不知情的路人一看到他的香腸攤前圍了一群人，就會好奇的過來試試口味。

店面租金

皇家香腸的攤位地點看起來並不顯眼，不過連同製作香腸所需要的地方，每個月還是需要 3 萬 5 千元的租金支出，但是總比一開始經營時，每每得放亮眼睛，隨時有被警察取締的不安定，來得自在多了。

硬體設備

一般經營烤香腸生意的小吃攤，只需準備簡單的攤車與烤香腸的爐子，就可以做起生意；不過有些人可能會抱怨油煙味四處飛散，因此最好再裝上抽風機以免污染環境；再加上黃老闆自製香腸所需的周邊設備，例如大型冰箱就需要 40,000 元以上的費用，肉類所使用的中型攪拌器、灌腸機器，都視個人需要而定，而所有器材都可以在環河南路一帶購買。

人手

皇家現烤香腸，在黃老闆多年的穩健經營之下，目前有共有 6 位員工。平日至少有 5 位人手幫忙一人輪休。雖然攤位是下午一點才開始營業，但每日早上 9 點～ 11 點的備料過程，可就需要 5 位員工在現場處理才能應付隔天香腸的用量呢！

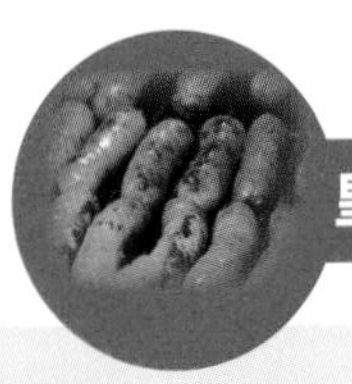

下午開始營業後，則同時至少有 4 位員工一起站在攤子前方，將香腸分工由生開始烤到熟，最後則由 1 位員工專心針對客人的需求，分別將香腸分裝及收錢。

客層調查

愛吃皇家香腸的人五花八門，原本的老主顧不會流失，也有許多臨時經過的過路客人因為好奇而嘗試口味，之後經過一些媒體的報導，也讓他的美味香腸知名度大開；此外則是在週

休二日或是假日時段，會有許多慕名而來的客人；至於一些在外面跑業務的上班族，平常時段也會順路繞到皇家香腸，一口氣包個 10 條、20 條回去，大家有福同享道地的台灣美味。

人氣項目

多年經營下來，黃老闆仍堅持這一味——原味香腸。熟的一條賣 25 元、生的一條只要 20 元。不過這香腸的成分跟別人比起來，瘦肉硬是比肥肉多很多呢！碳烤後的香 Q 口感加上老闆獨門的中藥配方，讓看似簡單的原味香腸讓老顧客一吃再吃、新顧客一吃就愛上。

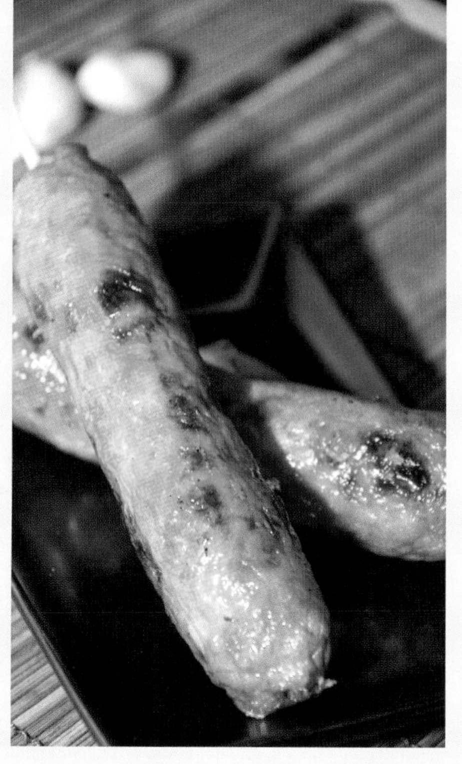

 營業狀況

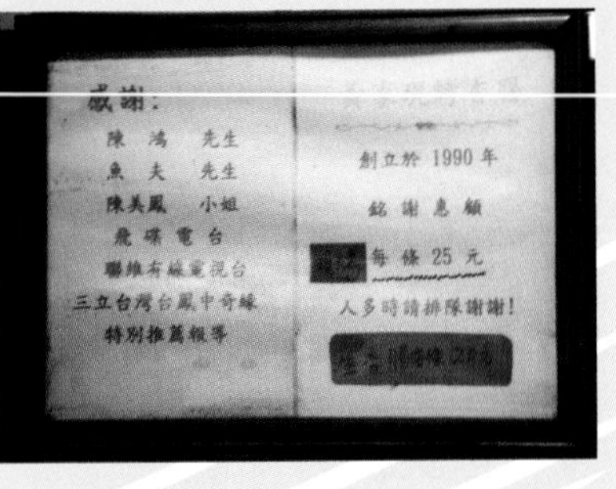

因為金融海嘯造成景氣變差，連帶的使原料的成本上漲，灌香腸的腸衣漲了一倍，而豬肉成本也平均漲了一成五。但是黃老闆仍堅持不漲價，自 1990 年開業以來，至今仍維持每條 25 元的價格。薄利多銷，讓生意可以在穩定中持續成長。

未來計畫

「穩定中持續成長」，是黃老闆最大的願望。因此將原本的店顧好、將一起打拚的員工生活顧好，才是最重要的事，所以沒有開分店的計畫。

數據大公開

項目	數字	說說話（備註）
開業年數	20 年	
創業資本	約 2 ～ 3 萬元左右	包含簡單的攤車和冰箱等冷藏設備
月租金	35,000 元	分別為攤位 7,000 元及隔壁的儲藏製作空間 28,000 元
人手數	5 ～ 6 人	員工休假採輪休方式。月薪 30,000 ～ 40,000 元
座位數	無	
每日來客數	約 1,200 人	約略估計
每日營業額	約 30,000 元	
每月營業額	約 900,000 元	
每月進貨成本	約 270,000 元	店家表示每日進貨 9,000 元
每月淨賺	約 445,000 元	經專家估計，利潤約 5 成（已扣除人事成本及店面租金）
公休日	過年及重要節日隔天	

老闆給新手的話

用簡單的攤車設備，烤香腸小吃攤便可以輕鬆開張，不過黃老闆建議初入行者：香腸可先以批貨方式來節省時間，多做點生意打好基礎，再考慮自製香腸也不遲。只是地點的選擇十分重要，因為光是好吃的香腸和響亮的名號，並不是賺錢的絕對保證，而且鄰近的地點或許也會因為隔了一條街的關係，就有人潮多寡的極大差別。再加上悶熱的夏天還得站在燒騰騰的炭火爐旁，也是一門難以忍受的苦差事，可是萬事起頭難，只要生意穩定的話，其實財源也就自然會滾滾而來了。

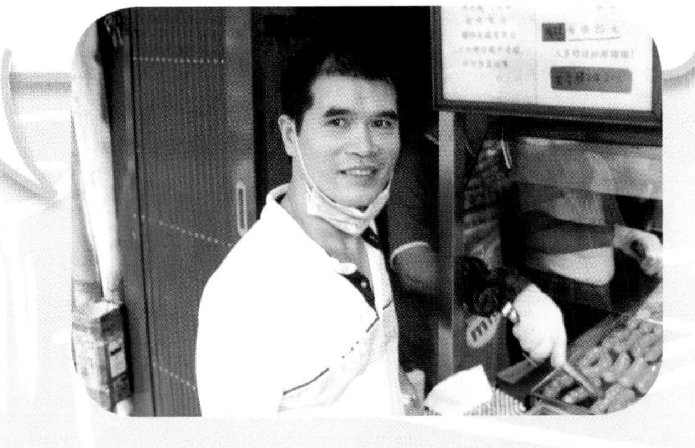

做法大公開

材料

1. 後腿肉，生鮮豬肉 10 斤（大約可做出 120 條香腸）
2. 調味料（鹽、糖、味素、米酒、五香粉、肉桂粉、白胡椒粉、鮮紅素適量）
3. 羊腸衣 40 尺
4. 大蒜酌量
5. 木炭
6. 火種
7. 高粱酒半杯

哪裡買？

生鮮豬肉只需要到一般市場的豬肉攤購買即可，黃老闆使用肥肉與瘦肉的比例大約是 25%：75%，而灌腸用的進口羊腸則可以向代理商購買或是詢問一般肉攤商。

價錢一覽表：（以大約可做出 120 條香腸的份量計算）

項目	份量	價錢
後腿豬肉 / 肥肉	2.5 斤	約 75 元
後腿豬肉 / 瘦肉	7.5 斤	約 563 元

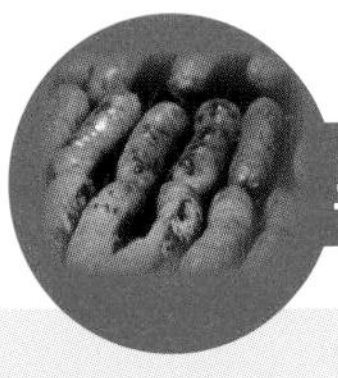

羊腸衣	40 尺	約 100 元

製作方法：

1. 前製處理

豬　肉（1）將買回的肥肉與瘦肉去皮去筋。

（2）切成小塊狀。

（3）加入適量的鹽、糖、味素、米酒、五香粉、肉桂粉、白胡椒粉及少量的鮮紅素。

（4）將（3）攪拌均勻後冷藏（較具稠度及彈性）備用，隔天早上進行灌製過程。

羊腸衣（1）用高粱酒倒入腸衣中來回清洗。

（2）將腸衣輕輕搓揉。

（3）倒出高粱酒，用清水將酒味沖掉即可。

灌香腸（1）將腸衣架在機器上（若無機器，可用塞的）。

（2）把已冷藏過一夜拌勻的肉放入機器內。

（3）將肉灌入腸衣中，每隔約 10 公分綁上細綿繩分段。

（4）用牙籤在香腸上刺些小洞，擠出空氣。

（5）將完成的香腸掛於陰涼處風乾。

2. 後製處理

（1）將香腸分段剪開（如果室溫高於 28℃，則需冷藏維持鮮度）。

（2）用中火炭烤（木炭適量即可，否則爐火過大容易烤焦）。

（3）需來回翻轉炭烤。

（4）若有肥肉處用牙籤稍微刺一下，讓油脂少一點。

（5）將香腸取出，依個人口味配上大蒜、嫩薑、小黃瓜食用即可。

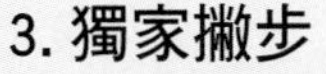

3. 獨家撇步

香腸烤過幾分鐘後，會呈現色澤深且略硬狀態，香腸熟滾後，內含的水分與油脂會冒泡，如果烤的過熟，水分與油脂會因此流失，加重香腸的鹹味。所以烤香腸的時間及火候，是香腸好吃與否的關鍵。

製作步驟

1. 將絞好的肉倒入灌腸機器。
2. 套上洗淨的腸衣。
3. 開始灌香腸。

1.

2.

3.

皇家現烤香腸

4. 將灌好的香腸掛起來稍微風乾。
5. 將風乾的香腸事先預烤成表皮微微收縮。
6. 將香腸於炭火上烤 5 分鐘即可。

4.

5.

6.

雞將鹹酥雞

雞將鹹酥雞

老　　闆	陳永聰先生
店　　齡	17 年
營業地點	台北市內湖路 1 段 737 巷 53 號
聯絡方式	（02）8752-5302
營業時間	4：00PM ～ 11：30PM

美味評價 ★★★★★
人氣評價 ★★★★★
服務評價 ★★★★★
價位評價 ★★★★
特色評價 ★★★★
地點評價 ★★★★★
名氣評價 ★★★★★
衛生評價 ★★★★★

內湖路一段 737 巷
雞將鹹酥雞
麗山街
內湖路一段 737 巷 51 弄

酥嫩脆 Q 總相宜

不管是學生或是上班族，每每等不到晚餐時間，下午的時候就已經飢腸轆轆，這時候最不能抗拒的，大概就是一份剛從油鍋裡撈起來，炸得金黃香脆的鹹酥雞了。記得在學生時代，下了課不管跟同學之後約去哪裡逛街，都會就近在附近的鹹酥雞攤子買一份鹹酥雞！吃久了便發覺，即便是油炸品，味道還是有些不同，有的肉太老，有的太軟、太乾、油味太重，或味道太淡，總之就一定有些不大不小的缺點，直到試過陳老闆的攤子，才發覺，嗯！這樣才是一百分！

話說從頭

多年前，30 歲不到的陳老闆從事房地產買賣的工作，運氣不錯加上個性圓融，很快的就爬上了頂峰，手上有了點錢，便開始學人玩當時最興的玩意兒——股票，結果也與大部分人一樣，血本無歸。後來東湊西借，又開始學人經營當時似乎頗具前景的海產店；但做生意哪這麼容易，就算起初每天高朋滿座，也容易因為經營管理不善而走上關門大吉之路，就這樣，本來只是銀行積蓄付諸流水，搞到最後不但手頭上沒錢還負債累累。

走投無路之下，剛好有位朋友提起有鹹酥雞商家願意讓人加盟，想不想試試？陳老闆當初也只是抱著去看看、玩玩的心態，心想：「開玩笑，我陳某怎麼可能去擺路邊攤過這種沿街叫賣的日子？」所以在試吃樣品之後即使覺得味道不錯，還是拒絕了朋友的好意。

可是日子還是要過，在進退不得、無專業技能又負債的情

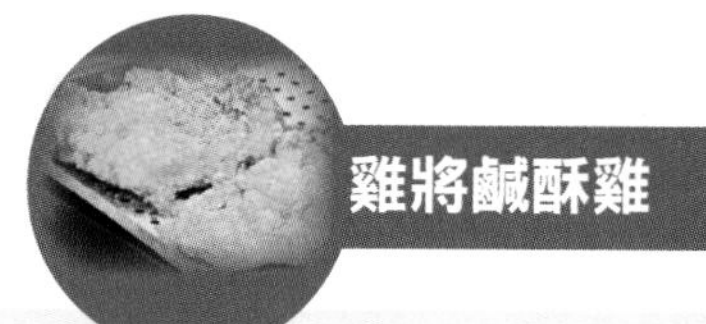

況下，陳老闆曾想過乾脆找一個穩定的班上好了，但就算沒有文憑的他幸運的找到一份月薪 2～3 萬的工作，那 400 多萬的欠債是何年何月才脫得了身呢？就這樣，面子拉下來，尊嚴放一邊，賣鹹酥雞就賣鹹酥雞吧！大概是好勝不服輸的個性使然，陳老闆抱著只許成功不許失敗的決心，「我要客人只要吃過我的產品之後，一定會一直吃下去。」憑著這股堅定不移的意志力，陳老闆果然研發出美味可口，汁多肉鮮，大概是全台北市最好吃的鹹酥雞。

心路歷程

既然作了決定要賣鹹酥雞，陳老闆開始全力以赴，因為從小在內湖長大，便決定從附近的 3 個市場中選出一個最適當的地點，最後還是請太子爺幫忙的呢。現在看來，太子爺還真的

幫了陳老闆一把呢！從第一天開張生意就好得不得了，當初也因在騎樓下需常常跑警察，人紅招人忌，他跑警察的次數又多過別人，後來才和隔壁的肉圓合租了一個小店面。

關於好吃的秘訣，陳老闆說他也是研究了2年，才調製出現在的秘方，另外還有一些小偏方，像他絕不賣海鮮類的食物，因為海鮮類會破壞油的口感，這些都是需要自己摸索一陣子才瞭解的。

想想以前出門時大家都是陳董前陳董後的，「第一天推出去的時候，從頭到尾頭都是低低的。」陳老闆慚愧的表示。還覺得擺路邊攤丟人嗎？「怎麼會？它不但幫我很快的還清債務，還改善了我的生活。」陳老闆滿足的笑著說。

命名由來

「雞將」其實是貨源提供商的名字，沒有特意的選擇或改變，但如果你知道每天都有客人特地從松山或天母來到內湖，為的只是品嚐陳老闆的鹹酥雞，那一塊招牌也真的沒什麼大不了。「想抓住客人的心，一定要先抓住客人的胃。」陳老闆頗為自豪的表示。

經營狀況

地點選擇

除了太子爺寶貴的意見外，麗山市場本身也是一個黃金地段，附近聚集了不少小學、國中、高中、補習班，再加上附近的居民，大概從下午 4 點開始一直到午夜 12 點都是人聲鼎沸，比起江南市場或湖光市場，絕對占些許優勢。

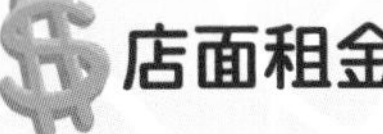

店面租金

之前在騎樓下每個月貼給二房東一萬多塊，其實一般差不多只需補給店家數千元水電即可，但因麗山市場為黃金地段，所以租金較高。但後來因為警察經常取締，陳老闆就和隔壁的肉圓合租了一個小店面，七三分帳，陳老闆分攤三成，差不多2萬7左右。

 硬體設備

陳老闆的攤車是和貨源供應商訂購的，品質還算不錯，差不多 7 萬多元，其實可在環河南路一帶選購，不是特別訂製的，價格都不會太貴，冰箱則是一般電器行都可買到，中型的價格在 1 萬多到 2 萬之間，至於數量則看存貨量大小為決定準則。其他鍋碗瓢盆所費差不多 2 萬塊，一樣可在環河南路一帶購全。

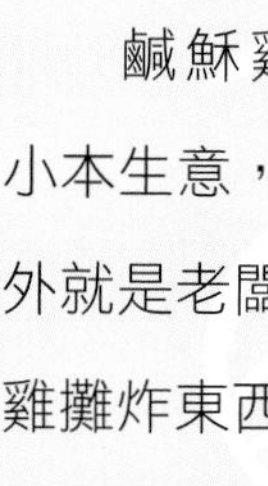 人手

鹹穌雞攤位一直都是小本生意，因此除了老闆之外就是老闆娘啦！況且鹹酥雞攤炸東西需要靠經驗跟技術，請工讀生可以幫上忙的地方不多。在不景氣的時代，能自己人來就自己人來就好囉！

客層調查

由於附近學校眾多，從小學，國中，高中到各式各樣補習班都有，所以陳老闆的客源大多以學生為主，附近的住家也占了大部分，放學時間接著下班時間，晚餐，再下來補習班下課，一直到宵夜，所以從下午4點開始營業一直到夜間11點半左右，人潮都沒間斷過，還有一小部分固定的客源則是從鄰近地區如松山、天母特地來的，他們都是在試過一次陳老闆的手藝之後從此著了迷的呢！

人氣項目

除了皮薄、汁多又香甜的香雞排之外，香酥多汁的無骨鹹酥雞、酥脆的雞屁股、香Q雞胗、軟嫩的地瓜也是人氣項目。鹹酥雞及香雞排更是只賣40元！尤其是陳老闆的所有炸物吃起來，除了好吃，更是少了油膩感呢！

 營業狀況

由於前陣子知名連鎖速食店的炸油事件，讓店裡的業績硬生生掉了兩成。不過在捷運開通後，位於港墘站附近的商圈，假日開始多了些外地逛街人潮，帶動了附近業績成長。目前鹹酥雞每日大約可以賣出二、三十斤，營業額算是維持穩定。

 未來計畫

在這個時代，穩定大於一切。且夫妻兩人經營這個攤位已經一段時間了，算是全職投入，因此沒有開分店的打算。

數據大公開

項目	數字	說說話（備註）
開業年數	17 年	
創業資本	約 10 ～ 12 萬元	簡單的攤車，冰箱等冷藏設備和鍋碗瓢盆等
月租金	27,000 元	
人手數	2 人	老闆夫婦
座位數	無	位於走廊上，沒有座位
每日來客數	約 350 人	約略推估
每日營業額	約 14,000 元	
每月營業額	約 364,000 元	
每月進貨成本	約 210,000 元	
每月淨賺	約 154,000 元	經專家估計，利潤約 4 成
公休日	周日	

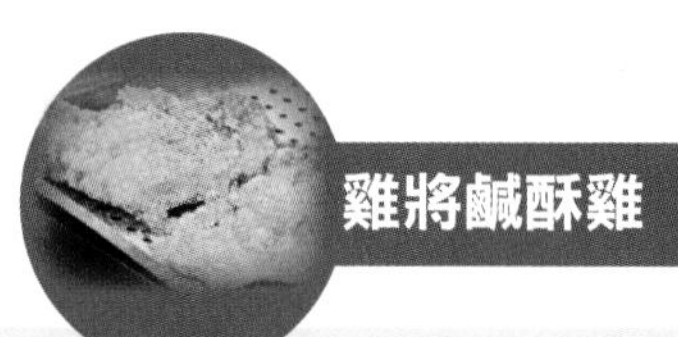

老闆給新手的話

除了心要專不要半途而廢之外，既然做的是小吃的生意，那獨特的口味便是最重要的一環了，陳老闆在訪談當中多次提到「抓住人心必須先抓住人胃」的道理，除了製作過程充滿學問外，千萬不要因為想節省成本而限制用料。另外就是一定要學著記帳，即使麻煩些，也一定要知道每天的營業額，定期做檢討，才會進步。

做法大公開

材料

1. 雞胸肉　2. 炸雞粉　3. 淡色醬油
4. 香油　5. 蒜泥　6. 米酒
7. 糖　8. 五香粉　9. 胡椒鹽
10. 辣椒粉　11. 上等番薯　12. 甜不辣
13. 洋蔥圈　14. 馬鈴薯餅　15. 米血

※ 以上食材均酌量

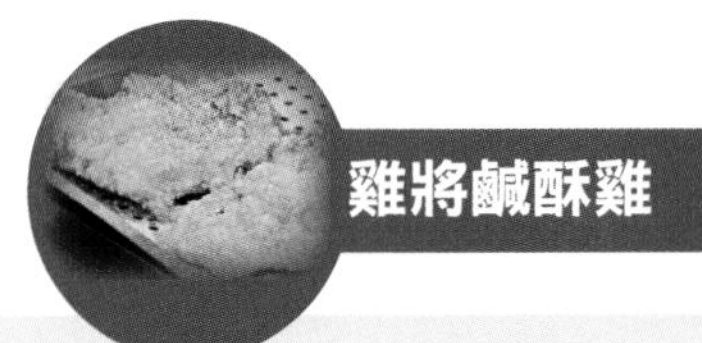

價錢一覽表：

項目	價錢	備註
雞胸肉	30 元／ 1 斤	
炸雞粉	300 元／一包 10 斤	內含太白粉、地瓜粉、玉米粉，及少許五香粉。
胡椒鹽	160 元／ 1 斤	
辣椒粉	120 元／ 1 斤	

製作方法：

1. 前製處理

鹹酥雞（1）將雞肉一斤切成小塊。

（2）將小塊雞肉放入調有米酒、蒜泥、淡色醬油、香油跟糖的醬汁中，醃漬一個小時以上，待醬汁完全滲進肉裡即可備用。

（3）沾上番薯粉，平均拌勻。

（4）抖掉未附著的番薯粉，放入 110℃的油中炸。

（5）並將雞塊用夾子一塊塊夾分離，確保雞肉都炸透了。

（6）待鹹酥雞表面呈淡褐色即可撈起備用。

炸雞排（1）先將雞胸肉去除多餘的油脂。

（2）將雞胸肉放入調有米酒一大匙、蒜泥一大匙、香油一大匙、淡色醬油 1/4 杯跟糖一大匙的醬汁中，醃漬一個小時以上，待醬汁完全滲進肉裡即可備用。

（3）將醃漬過的雞肉沾上炸雞粉。

2. 後製處理

鹹酥雞（1）炸成金黃色，即可撈起。

（2）灑上調味料即完成。

炸雞排（1）將醃製的雞排壓扁，緊裹上炸雞粉（一定要壓緊，避免酥粉與雞肉分離）。

（2）約 5 分鐘後放入油溫 130℃的油鍋中翻炸。

（3）約 4 ～ 5 分鐘後（視雞排大小而定），兩面金黃色即可撈起、瀝油。

（4）灑上特調胡椒粉、辣椒粉即可食用。

3. 獨家撇步

鹹酥雞好吃的關鍵在於油溫的控制，及胡椒粉的調味。將油溫控制在 130℃左右，視不同產品分別給予不同時間的油炸。胡椒鹽加入少許甘草粉及五香粉會更香喔！

製作步驟

鹹酥雞

1. 將事先醃製過的無骨雞丁裹粉。

2. 將多餘的炸粉濾掉才不會讓油質變差。

3. 將雞肉丁放入油中先炸熟七成左右。

4. 撈起成為待選食材之一。

炸雞排

1. 把已事先醃過並濾掉多餘水分的雞排裹粉。

2. 用手掌輕壓幫助炸粉黏著。

3. 剛裹好粉的雞排先靜置於容器內至少 30 分鐘，這樣炸時粉才不易掉落。

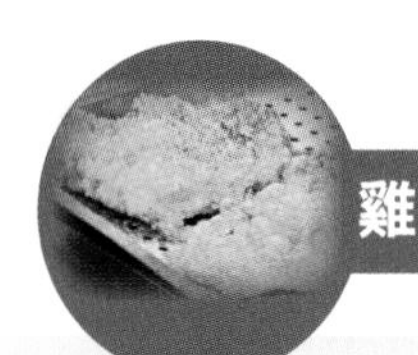

4. 客人點餐時才入鍋炸熟。

5. 隨時注意火侯並適時翻面。

6. 瀝好油後灑上胡椒粉及辣椒粉。

福州元祖胡椒餅

福州元祖胡椒餅

老　　闆	：**黃先生**
店　　齡	：**48 年**
營業地點	：**台北市和平西路 3 段 89 巷 2 弄 5 號**
聯絡方式	：**（02）2308-3075**
營業時間	：**9：30AM ～ 7：00PM**

美味評價 ★★★★★
人氣評價 ★★★★★
服務評價 ★★★★★
價位評價 ★★★★★
特色評價 ★★★★★
地點評價 ★★★★
名氣評價 ★★★★★
衛生評價 ★★★★

三水街
福州元祖胡椒餅
康定路
和平西路三段

傳統道地胡椒餅

邊吃著香氣四處洋溢、口味既傳統且道地的胡椒餅，邊用我生疏許久的台語和黃阿嬤聊著，我越發在心中蕩漾著一股懷舊復古的莫名情愫，彷彿有種落葉歸根般的感想與情懷，覺得小小的一個胡椒餅，竟然蘊含著不可思議的力量，就像是乘著奇妙的時空機器，打破了我向來根深蒂固的地域觀念和文化差異，產生了「四海一家」的溫暖情感。

話說從頭

初看見黃阿嬤蹣跚但卻硬朗的步伐，或許是古諺有云「人生七十才開始」的最佳寫照，黃阿嬤是福州元祖胡椒餅的掌門老闆娘，生長在舊時代的台灣社會，在當時還依舊是「嫁雞隨雞，嫁狗隨狗」的三從四德觀念中，就一直跟著丈夫學習製作與經營胡椒餅的生意，超過 40 年的時間。據說在更早之前，黃阿嬤的公公婆婆便是在中國福州一帶從事胡椒餅的營生事業，而黃阿嬤的先生在創業之初，並未選擇繼承家業；當時黃阿嬤與她的先生做的是外燴辦桌的生意，夫妻倆要應付各種大排場所需要的菜餚供應，十分耗費體力，一陣子之後，夫妻倆認真思考決定重回本業，沒想到卻因此將祖業發揚光大，四十八年屹立不搖。

目前雖然仍由黃阿嬤當家主事，不過她已將相關的獨門手藝傳給她唯一的兒子——現年約 40 多歲的黃先生。

看著黃阿嬤老當益壯的模樣，面對鏡頭絲毫沒有害羞生澀的表情，完全是一派的大器風範，而她的親切招呼，卻又讓人感覺十分溫暖，如同與自己祖父母聊天一般。也許黃阿嬤就是將這股熱情全都揉進麵團，溫暖的環抱一個個胡椒餅餡兒，才能讓人咬一口胡椒餅，香味撲鼻，口味令人難忘。

心路歷程

問起黃阿嬤可曾有一刻覺得經營胡椒餅的生意異常辛苦，

她只是用著雲淡風輕的口氣笑笑說著：「抹啦！」數十年來，她早就已經習慣各種製作流程，從古早時代完全的人工作業方式，揉麵團這般需要使上大力手勁的工作，她都可以自己來。現在有了機器取代一些簡單的製麵與絞肉工作，還有多餘的人手可以幫忙包餡、烘餅，科技取代人力，現在比起以前，輕鬆多了。

黃阿嬤對於自家的福州元祖胡椒餅相當老神在在，就算在萬華一帶也有打著類似招牌的競爭對手，一股勁兒的跟風，卻無法真正模仿出一模一樣的道地口味，加上老主顧的敏銳味覺，不誇張，吃一口便知內容大不同；黃阿嬤的胡椒餅聲名遠播，據說就連在福州當地賣胡椒餅的商人，也曾經暗地裡託親友帶回去一試胡椒餅的真假滋味。而黃阿嬤也大方的提供製作方式，不過她倒是一再強調她所選擇的材料都是最最上等，不論是麵粉、內餡所使用的黑豬肉、青蔥與調味料，都絕對講究新鮮與等級，這就難怪那帶著濃濃炭烤香氣的胡椒餅，能夠讓來自四方各地的過路人客有的聞香下馬，有的專程停留，只為一醒記憶中難得的古早味兒了。

命名由來

據説黃家原本單單使用「元祖」為招牌名稱，但和同名的麻糬連鎖店產生撞名的諸多困擾，因此由黃阿嬤的先生再刻意加上「福州」二字，一是藉以避免糾紛，一是藉以正本清源，如此看來若要追溯起來，還是有其相當淵源的歷史意義呢！

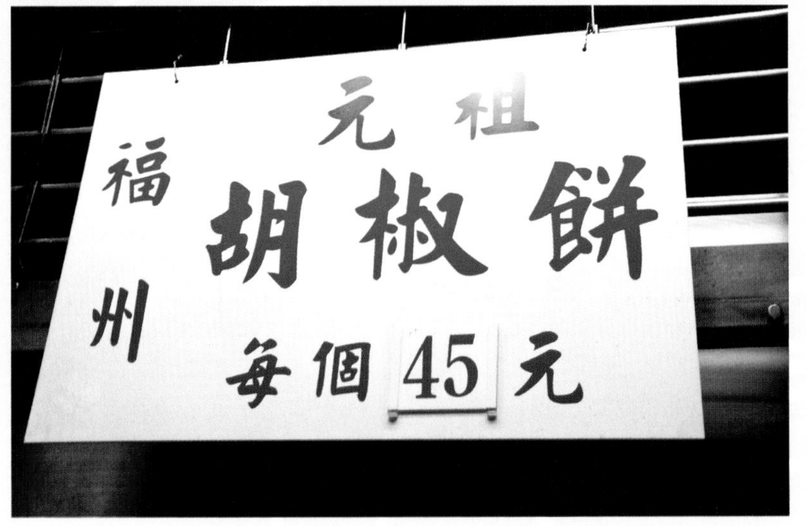

經營狀況

地點選擇

我想跟許多當初飄洋過海來台灣開創新生活的祖先一樣，黃阿嬤一家人選擇了當時相當繁華的萬華落地生根，在這裡開起了胡椒餅店，緊緊臨著的是早期相當有名氣的萬華戲院，因此也藉著源源不斷的人潮，打開了福州元祖胡椒餅的知名度。40 多年來黃阿嬤堅守著這家唯一的店面，不論是現在或以後，

都會一直守下去，只此一家，別無分店。

店面租金

原本在市場中的攤位，因為市場要拆除改建成公園，所以搬遷至目前 89 巷的位置，每個月的租金 6 萬元。

硬體設備

黃阿嬤製作胡椒餅的重要工具，是一個看起來十分古色古香的大水缸，據説黃阿嬤用這種水缸來烘烤胡椒餅，已經超過 10 年以上的時間，每隔幾年她總要親自到台中水里挑選一個新的水缸來替換。早期用的水缸約可烤 80 粒胡椒餅，現在用的水缸已找不到這麼大的，只能烤約 60 粒左右。不過黃阿嬤卻不太記得實際的價錢，其他像是用來攪拌麵粉和絞肉的機器，同樣缺一不可。

人手

福州元祖胡椒餅的工作人員都是熟識的親戚朋友，6 個人合作無間，工作起來默契十足！負責桿麵皮和包餡料的有 4 人，外場有 1 人專門負責招呼絡驛不絕的饕客，另外還有 1 人負責火候控管及烘烤。

客層調查

或許因為歷史悠久，也或許因為地緣關係，大部分定時來購買胡椒餅的客人清一色都是老主顧，不過倒是不分年齡層，可以在這裡看見平實的家庭主婦，也有偶爾湊熱鬧嚐鮮的年輕顧客，但是更多的是居住在附近一帶的居民，趁著地利之便買上幾個，當然在假日時還會有許多外地客人特地來此品嚐；許多顧客一口氣 5 個、10 個左右包回家是常有的事，受歡迎的程度無庸置疑。

人氣項目

雖然是只賣胡椒餅的小店，但內容可不簡單！用的是上選黑豬肉，調味的金蘭醬油更是道地的古早味，連青蔥和各種材料的比例，都是黃先生親自嚴格把關，再加上純手工製作的口

感，總是吸引觀光客慕名而來，也常有媒體前來專訪，甚至連遠道而來的日本遊客，也都指定要嚐嚐這老字號的胡椒餅呢！

 營業狀況

香噴噴的現烤胡椒餅，因為得趁熱吃，難免會受到氣候的影響，但每天仍可賣出數百個，到了冬天，每天近千個的銷量更是稀鬆平常。

未來計畫

穩定中求發展，不求快、不貪多、堅持好品質是黃家人對胡椒餅的一貫理念，因此目前並無開分店的打算，黃先生只希望讓每個前來品嚐的客人，都能享受到最道地的古早味。

數據大公開

項目	數字	說說話（備註）
開業年數	48 年	
創業資本	約 10 萬元	這是由黃阿嬤本人親自估計所需要的創業資金，包含簡單的攤車、冷藏設備，以及地點所需的資金等。
月租金	60,000 元	
人手數	6 人	
座位數	無	
每日來客數	約 750 人左右，冬天更多	
每日營業額	約 33,750 元	
每月營業額	約 1,012,500 元	
每月進貨成本	約 414,000 元	
每月淨賺	約 598,500 元	經專家估計，利潤約 5 ～ 6 成
公休日	逢中秋、清明等年節必休	

老闆給新手的話

黃阿嬷對於福州元祖胡椒餅的口味十分驕傲，她認為很難有人能夠真正學得來，除此之外她還一再強調她所使用的原料，絕對是新鮮而且擁有絕佳的品質保證，其實這也是從事小吃業生意受到顧客青睞與肯定的不二法門，雖然以這樣的方式來做生意會使得材料成本相對增加不少，不過通常好的東西絕對會獲得迴響，源源不斷的人潮不就是令人眼見為憑的最好背書了嗎！

做法大公開

材料

1. 中筋麵粉 1 斤（加 6 兩溫水，約可做 20 個左右）
2. 青蔥半斤
3. 黑豬肉絞肉（瘦肥摻半）半斤
4. 瘦豬肉半斤
5. 傳統豬油 2 大匙

調味料

1. 胡椒粉 2 大匙
2. 五香粉 1/4 茶匙
3. 醬油 1 大匙
4. 鹽 2 茶匙
5. 味精 1 大匙
6. 糖 1 茶匙

哪裡買？

黃阿嬤一向都有固定配合送貨和選購材料的廠商，合作已有多年的時間，一般人則可到大量批發的環南市場採購。

價錢一覽表：

項目	價錢
中筋麵粉	約360元左右／1袋
青蔥	10～20元／1斤
肥豬肉	30～40元／1斤
瘦豬肉	85元／1斤
傳統豬油	500～600元／1桶

製作方法：

1. 前製處理

麵　團（1）將揉好的麵團靜置醒麵約40分鐘。

（2）待麵團膨脹至原來的2倍大即成餅皮麵團。

油　酥（1）在6兩的中筋麵粉中加入2大匙的豬油。

（2）將豬油和麵粉揉勻成團狀。

瘦豬肉餡（1）將半斤的瘦豬肉切成小塊。

（2）於豬肉塊中加入2大匙胡椒粉、1/4茶匙五香粉、1/4茶匙肉桂粉、1大匙醬油、2茶匙鹽、1大匙

味精、1 茶匙糖攪拌調勻。

絞肉餡（1）將半斤的豬絞肉摔打成較有彈性。

（2）於絞肉中加入 2 大茶匙胡椒粉、1/4 茶匙五香粉、1 大匙醬油、2 茶匙鹽、1 大匙味精、1 茶匙糖攪拌均勻。

蔥　花（1）將蔥挑選、洗淨。

（2）稍微瀝乾水份切成蔥花。

2. 後製處理

包（1）將麵團捏成一小團、一小團。

（2）於小麵團上置一小坨油酥，以手掌攤平來回 2 次，

製成油酥小麵團。

（3）壓平小麵團，桿薄成麵皮。

（4）依序包入適量的肉塊餡、絞肉餡及蔥花。

（5）在包好的胡椒餅表面刷上果糖水

（6）沾上大量白芝麻。

烤 （1）將胡椒餅的烤爐刷乾淨，於爐底加入木炭加溫至300℃以上。

（2）用木炭的熱度將整個爐壁烤紅（溫度約達 350℃）。

（3）由上而下依序在壁爐上貼上生胡椒餅。

（4）蓋上小鐵蓋燜烤約 20 分鐘即可完成。

3. 獨家撇步

（1）在麵皮裡加入油酥可使餅皮產生層次感，麵皮上刷上果糖水可使餅皮口感更酥。

（2）製作油酥餅皮時，不可將麵團及油酥任意揉勻，必須依步驟在麵團上加入油酥後，用手將兩者推壓平，再將麵皮捲起，重複此動作 2 次，餅皮才會成酥脆狀，否則亂揉麵皮會使餅皮烤出時變硬，且無層次口感。

製作步驟

1. 將揉好的麵團捏成適當大小的份量

2. 在小麵團上壓上油酥

3. 將麵團和油酥以手掌攤平來回 2 次

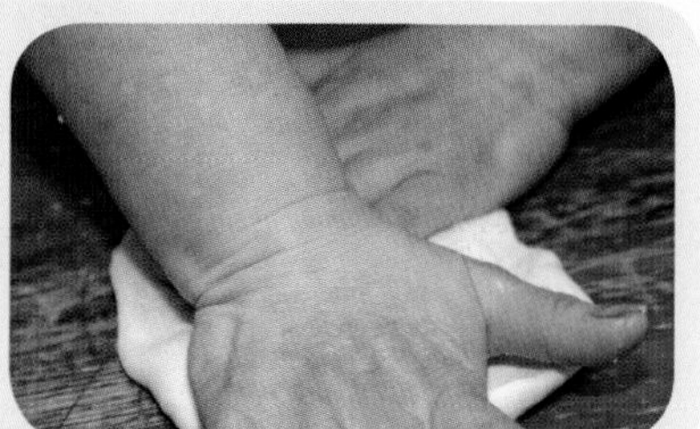

4. 完成後，在麵團中先包入肉塊

5. 再包入適量絞肉

6. 接著包入青蔥

7. 將包好的胡椒餅揉團

8. 沾上白芝麻增加香味

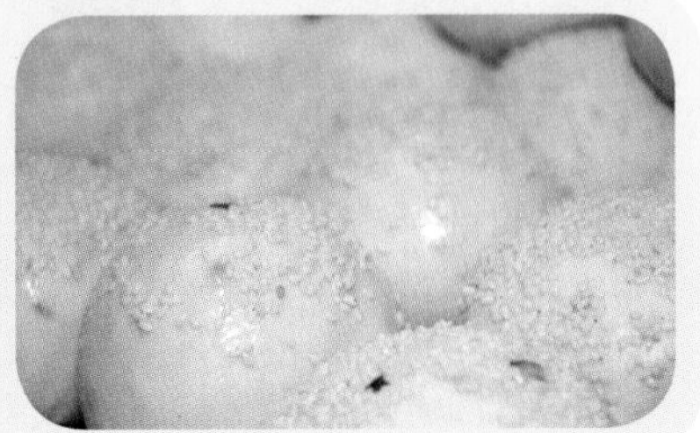

9. 依序在壁爐上貼上胡椒餅

10. 蓋上小鐵蓋燜烤約 20 分鐘

11. 胡椒餅成品

王家蔥油餅

王家蔥油餅

老　　闆：**王老闆**

店　　齡：**20 年**

營業地點：**台北市南京東路 5 段 291 巷 4-1 號**

聯絡方式：**0932-341185**

營業時間：**3：00PM ～ 7：30PM**

美味評價 ★★★★★

人氣評價 ★★★★★

服務評價 ★★★★★

價位評價 ★★★★★

特色評價 ★★★★

地點評價 ★★

名氣評價 ★★★★

衛生評價 ★★★★

南京東路五段
251 巷
王家蔥油餅
南京東路五段
291 巷
南京東路五段

香、酥、脆嚼勁十足，難以抗拒的蔥香撲鼻而來

世界各地餅類五花八門、口味眾多，在台灣普遍最受歡迎的仍然是蔥油餅。蔥油餅的口味真可說是老少咸宜，愈吃愈順口，一口咬下去，立即感受到蔥香滿溢，即使不沾任何醬汁，味道就已經非常足夠；蔥油餅的口感很特殊，雖然只是單純的麵粉，但咬勁十足，又Q又脆，口中嚼一嚼，齒頰盡是青蔥芳香，誘人食慾大開，既可當點心又可當正餐，好吃到沒話說！

話說從頭

50 多歲的王老闆來自馬祖，有著典型離島人的性格，純樸、肯幹、不怕吃苦，在還沒來台北之前，過著典型離島人的生活——以捕魚為生。不過因前些年人口外流，加上大陸對岸捕魚業日趨發達，想在當地討生活著實愈來愈不容易，島上大部分都只剩下老人與小孩。本來也只是因為經濟不景氣想出來散散心的王老闆，當年抱著玩玩的心態來到台北，從沒想過居然一待就是 20 年。

第一次來到台北的王老闆夫婦，暫時借住在親戚家，由於親戚做的正是蔥油餅的小生意，那陣子蔥油餅大流行，到處見人買，看著看著王老闆心裡便想著既然離島的生活愈來愈艱難，手頭上又剛好存了點錢，何不就來台北放手一搏呢？就這樣，王老闆夫婦回到馬祖整理一

些簡單的行李，又立刻回到台北，準備開始過全新的生活。起初還是借住在親戚家，也在親戚的攤子上幫幫忙，順便學點基本功夫，時間過得飛快，幾個月過去之後王老闆夫婦便搬離親戚住處，並在中和租了間房子，開始自己的事業。

問他：學徒的過程辛苦嗎？「當然辛苦！」王老闆表示他是一個徹底的門外漢，完全從零開始學，壓力自然比別人大很多，好在值得慶幸的是有親戚不吝啟蒙指點，從頭到尾無條件熱心的協助，這的確幫了王老闆夫婦很多忙。目前王老闆周一至周六在南京東路一帶設攤，開業至今已 20 年，從沒沒無聞到各大電視台與報章雜誌爭相採訪，王老闆憑著自己的努力與實力，用再尋常不過的蔥油餅為自己打下一片廣闊的天空。

心路歷程

多年前，經營蔥油餅小吃多半是以貨車代替攤車，剛剛來到台北的王老闆，還特地在忙碌之餘抽空去學開車技術呢。當初會選擇南京東路 5 段巷子口為起跑點，主要是看中它的三角地帶，不但靠近南京商圈，且又鄰近健康路附近住家，最重要的是它的位置略微偏僻，警察相對也少一點。

開始初期，在最糟糕的情況下，王老闆曾在 10 天內收到 8 張罰單，金錢損失姑且不論，已 40 餘歲的王老闆還得成天與執行勤務時絕不手軟，年僅 20 餘歲的年輕後輩警察套交情、說好話，老臉實在是掛不住啊！心灰意冷之餘，他還曾經起過乾脆放棄事業回馬祖老家的念頭，但好在王老闆終究堅持留在台北沒回去，不然現在我們上哪兒買這樣好吃的蔥油餅呢？後來經由朋友的介紹，在距離巷子口不遠的一家中藥店門口，以每個月貼補店家老闆數千元水電費的方式，租下了騎樓部分充當營業點，原來的貨車也改為攤車，並加賣水煎包與鍋貼等，從此

生意趨於穩定。

至於口味方面，王老闆強調不管哪一個行業，都是「師父領進門，修行在個人。」他們自己就摸索了將近 2 年的時間，加上有些外省老先生、老太太每次吃完後都不時給點意見，而他亦從善如流、虛心改進，慢慢才有今天的成品水準。蔥油餅的好吃與否，全在餅皮口感的好壞，和麵的技巧是關鍵步驟，水量和水溫都必須拿捏得剛剛好，連天氣變化也都會影響調配的比例呢！王老闆驕傲的表示，以老闆娘現在的功力，只要用手捏一捏已和好的麵團，便知比例對不對，麵團能不能用喔！真可謂名副其實的「行家一出『手』，便知有沒有」啊！

命名由來

從來也沒想過要特地取上什麼名字，只是在招牌上「蔥油餅」和「水煎包」字樣之間寫上了一個大大的「王」字，既簡單明瞭又清楚，久而久之，「王老闆的攤子」便成了附近住家或上班族下午茶點心或晚餐的代名詞了，這樣的稱呼其實遠比一個正式的店名更為親切、更富人情味，不是嗎？

經營狀況

地點選擇

南京東路 5 段的巷子裡本來就是一個菜市場，最初王老闆是看上巷子口與南京東路的三角地帶車多、靠近商圈，人潮來來往往、川流不息，且附近上班族眾多，才決定在這落腳，後來竟發現主要的顧客卻以周邊住戶居多，上班族客源反而是慢慢才開發出來的呢。

店面租金

最初以小貨車做為營業攤位的時候，雖然直接就可停在街邊開始做生意，挺方便；但得隨時注意警察，運氣不好有時連續一個星期每天都被開罰單，實在吃不消，後來透過朋友介紹，才得以在附近商家的騎樓下，以攤車的方式繼續營業，每個月則補貼店家數千元水電費。

硬體設備

由於王老闆是以貨車兜售方式開始經營的，所以當初的開業資金也較現在一般做小吃生意的人高出許多，需要40多萬元，而目前所使用的攤車則是特別訂作的，材質較佳，鋼板特厚且有三個爐（一般是兩個），花費約3萬多元，一般較普通的大概一萬多元就有了，但較經不起長期的高溫摧殘，壽命較短；至於平底鍋尺寸則可依個人需要，單價在數百元之

間，以上材料全都可在環河南路一帶購齊。

 人手

早年製作蔥油餅及水煎包，因為是在現場現桿麵團，現包現做現煎，因此容易忙得不可開交。不過近年來因為這邊的客源穩定，每日的需求量不會差異太大，因此蔥油餅麵團、水煎包及煎餃等食材都事先在家中處理及包好。人員的配置及分工是從早班6點起，老闆娘夫婦及兒子和1位員工就已經要開始備料，中午稍事休息及準備。下午3點開始販賣時，除了王老闆及老闆娘一人負責一個煎鍋之外，還另請1位員工負責將麵團桿成蔥油餅，兒子就專門處理客人點餐及收錢。

 客層調查

攤位附近的上班族對王老闆的攤子可說是擁護及捧場得不得了，幾乎每天下午王老闆都有跑不完的外送，看到這裡，讀者一定以為這周圍的上班族就是王老闆主要的客源了吧？並不完全是喔！根據王老闆的說法，其實在菜市場裡，光是附近居民的生意就已經夠做了；至於為何遠近馳名，是後來有人下了班順道來消費，口碑才慢慢在上班族間傳開來，令人難以置信吧！且王老闆說即使下雨天，他的生意都不會受到太大的影響，其魅力可想而知，讀者們有空不妨來試試，包您大快朵頤回味無窮。

人氣項目

王家蔥油餅的香Q有嚼勁有口皆碑，尤其在天氣較冷的季節更是維持高人氣。不過，王家特別大顆的水煎包買氣也是不遑多讓，除了水煎包體積比坊間大了將近一倍之外，包了豬前腿肉的高麗菜包，以及包了豆干、冬粉、蛋皮的韭菜包，近年來更是人氣直升呢！一顆只賣 12 元，更是讓人感受到老闆回饋客戶的心意。不過這幾年來因為麵粉一直上漲，為了維持品質穩定，因此將蔥油餅的售價調漲了 5 元，變成半張 30 元、一張 60 元。

營業狀況

由於所在地點原本就是市場，離南京商圈近、附近住家及上班族人潮川流不息。王家蔥油餅在多年的穩健經營下，每日客源可以算穩定，每天光是準備水煎包的備料至少就要 800 顆呢！

未來計畫

王老闆表示，大環境不景氣，生意能夠穩定就已經是福氣。顧好品質是一家店的基本功夫，因此將原來的本業顧好，穩定中求發展並持續提供顧客美味的食物就足夠了。

數據大公開

項目	數字	說說話（備註）
開業年數	20 年	
創業資本	約 40 萬元	一台小貨車外加鍋、爐等器材，如果只用小攤車，則 10 多萬元即可
月租金	數千元	老朋友家的騎樓，只要每月幫忙分攤水電費即可。
人手數	4 人 / 每班	早班及午班除了老闆夫婦、兒子都要工作外；早、午班會各請一位員工。
座位數	無	
每日來客數	約 420 人	約略推估
每日營業額	約 18,900 元	視季節及來客數而定
每月營業額	約 491,400 元	約略推估
每月進貨成本	約 170,000 元	含人事費用
每月淨賺	約 281,400 元	經專家估計，利潤約 5 ～ 6 成
公休日	周日	

老闆給新手的話

做麵食很辛苦，早上 5 點半就得起床和麵，一直做到中午，在攤子旁邊也半刻不得閒，只要有人買，就得一直繼續做下去，但凡事一定要有恆心，生意不是一天做成的，需捺著性子慢慢來，王老闆回憶，他第一天開工時才賣了 3 鍋！除了地點因素，東西好吃更重要，製作過程絕不許偷工減料，千萬不可以抱著偷懶或僥倖的心態，客人不是傻瓜，試過一次不好吃，下次還會上門嗎？所以師父怎麼教，就得按部就班照實做。貨真價實，生意自然會興隆！

做法大公開

材料

1. 中筋麵粉 1 斤（約可做 2 ～ 3 張）
2. 蔥 5 兩
3. 芝麻少許

調味料

1. 鹽適量
2. 油適量

哪裡買？

貨源都是由中和家裡附近的雜糧行固定配合提供，包括中筋麵粉與芝麻，至於蔥則由菜市場裡的菜販固定配合批發。王老闆這麼建議：麵粉、油、鹽、芝麻可至迪化街或五穀雜糧行大批購買，蔥、菜、肉可至大批發市場買齊，以降低進貨成本。

價錢一覽表：

項目	價錢	備註
中筋麵粉	約 400 元／ 1 袋	時價
蔥	約 10 ～ 20 元／ 1 斤	時價
芝麻	約 70 ～ 80 元／ 1 斤	

鹽	約 10 ～ 20 元／ 1 包	
沙拉油	100 多元／ 1 桶 3 公升	

製作方法：

1. 前製處理

麵　團（1）在調理盆中倒入中筋麵粉 1 斤，將麵粉撥往盆四周，於盆中間留出一點空間。

（2）先倒入水溫約 35℃的溫水於盆中和麵（為軟化麵筋），1 斤麵粉 9 兩水（此時的溫水並不能與 1 斤的麵粉完全和勻）。

（3）再加入適當的冷水，將麵粉揉成團狀（冬天要揉較長的時間，夏天則可縮短時間）。

（4）用溼棉紗布覆蓋麵團，醒麵 15 分鐘，即成蔥油餅皮。

蔥（1）將蔥去莖頭，挑選洗淨。

（2）稍微瀝乾水份。

（3）切成蔥花備用。

2. 後製處理

（1）將麵團取出適當的份量用手揉圓壓平。

（2）用桿麵棍將麵皮桿薄後，均勻的抹上一層沙拉油於麵皮上。

（3）灑上蔥花及少許的鹽。

（4）將麵皮捲成長條形後，繞圈捲成螺旋狀，再灑上白芝麻備用。

（5）將沾有白芝麻的麵團壓平，舖上一層塑膠膜（避免麵團和桿麵棍沾黏）用桿麵棍桿成大小厚薄適中的蔥油餅。

（6）以桿麵棍輔助支撐餅皮下鍋，煎成兩面酥黃（快速爐周圍

火力無法均勻受熱，因此要適當的調整餅的位置，才能將餅煎得恰到好處）即可起鍋食用。

3. 獨家撇步

（1）如果想吃更酥香的蔥油餅，可在桿薄麵皮時均勻地於皮上抹上一層豬油，再加鹽及蔥花捲起。

（2）煎蔥油餅的火候及技巧，更是決定餅是否好吃的關鍵。若想讓餅煎起時呈酥鬆狀，平底鍋中的沙拉油就要多放些（沙拉油可使餅鬆，豬油可使餅脆）。

製作步驟

1. 已經製作好並灑上鹽及蔥花的麵團。
2. 將麵團壓平。
3. 鋪上塑膠膜後，將麵團桿平桿薄。
4. 桿好即可下鍋煎。
5. 以文火將餅皮兩面煎至金黃酥脆。
6. 香 Q 有嚼勁的蔥油餅。

3.

1.

2.

4.
5.
6.

頂級甜不辣

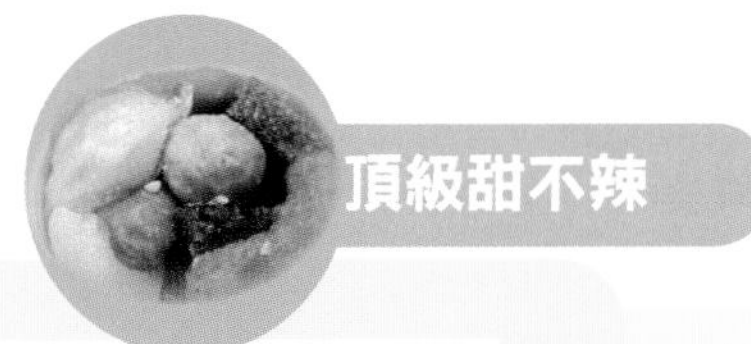

頂級甜不辣

老　　闆：郭大誠先生

店　　齡：17 年

營業地點：台北市萬華區廣州街與梧州街交叉口（華西街觀光夜市旁）

聯絡方式：（02）2302-6022

營業時間：4：00PM ～ 12：00AM

美味評價 ★★★★★

人氣評價 ★★★★★

服務評價 ★★★★★

價位評價 ★★★★★

特色評價 ★★★★★

地點評價 ★★★★★

名氣評價 ★★★★★

衛生評價 ★★★★★

濃厚好滋味

甜不辣可說是台灣版的關東煮，不過日本關東煮講究的是食材的新鮮與湯頭的美味，而台灣版的甜不辣可是連沾醬都相當講究；至於「頂級甜不辣」的招牌到底有多讚？這可是連賣關東煮多年的人都心服口服的稱讚，而且還有顧客將「頂級甜不辣」和「懷念愛玉冰」列為廣州街一帶最優的 2 家小吃店，如果來到這裡就非得捧捧場不可喔！

話說從頭

目前由郭先生夫婦獨立經營的甜不辣小吃攤，根據郭先生謙虛的說法，是因為到了 25、26 歲之際，身上都還沒有一項專長可藉著打拚事業，因此便將 60、70 年前由家中老祖母所傳承的甜不辣醬做法認真學過，然後開始經營這項小吃。由於秉持著傳統的古早口味，因此口感當然好得沒話說，再加上郭先生夫婦十分認真經營與學習，因此在過了一段時間之後，他們的甜不辣就受到這一帶居民的肯定，誠如郭先生所說，附近有許多人每天都來向他們的甜不辣報到，這便是對他們口味的一種肯定，當然也是他們能夠生意興隆的最大因素。

而郭先生還曾獲得中華民國消費者協會食品評鑑金牌獎的榮耀，外來的光環對於郭先生夫婦來說，除了是一種肯定，也讓他們在目前的事業經營當中更有成就感和衝勁。

心路歷程

郭先生夫婦看起來就像是你我周遭隨時可見的恩愛夫妻，雖然他們謙稱自己的能力不夠才會賣起甜不辣，不過他們的工作態度卻是令人相當感動與佩服。郭先生曾經讀過《樂在工作》這本書，頗能認同書中道理，像是他將這份職業視為一種生活樂趣，因此雖然經營小吃生意有其中的辛酸與辛苦，可是他卻完全沒有怨言，當然也就不會有職業倦怠症的產生了，他認為自己的工作時間就跟上班族的時間表沒什麼兩樣，時間到了就上工，到了打烊時間就走人，可是能夠面對面和顧客接觸，因此交了不少好朋友，又是一種相當值得珍惜的 Happy Hour。

此外，郭先生還是個孝順的人，他乖巧的聽從老一輩所流傳的教誨，只以腳踏實地的原則來經營生意，除了人人稱讚的家傳沾醬之外，每碗甜不辣中的每一道材料及高湯，郭先生從來不偷工減料，因此樣樣食材都是頂級的上等貨，當然也就相當好吃了。所以郭先生十分有信心，他所賣出的甜不辣品質，絕對是台北市第一名！

命名由來？

招牌名稱是郭太太命名的，從名字可見他們對自己唯一的招牌產品可是有著足夠的信心，而且他們也連帶將名號註冊，藉以保障他們的權益。在目前別無分店的情況之下，「頂級甜不辣」至少提供消費者「知」的義務，才不至於跑錯家喔。

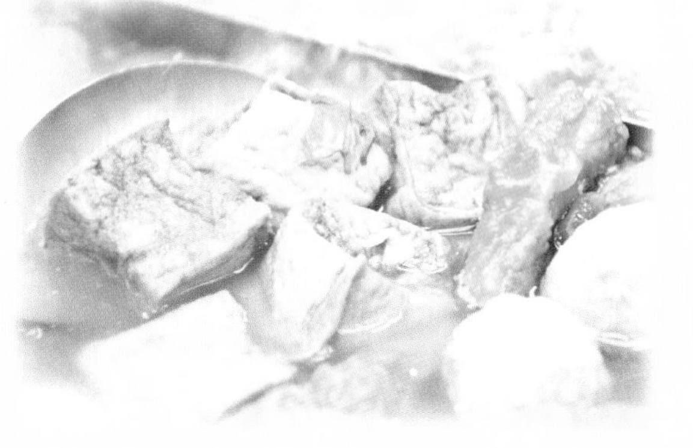

經營狀況

地點選擇

在兩條街交叉路口的街頭一隅，「頂級甜不辣」就在店面周邊擺起桌椅做生意，從小在萬華地區長大的郭先生，因為家裡留下這塊地的關係，而選擇了這個地點來經營小吃，不過他對萬華一帶有相當的了解，也包含了相當的情感，這一帶有豐

富的文化傳統、嶄新的地區規劃與建築，卻也有無家可歸的遊民，說是複雜，不過也是一種愈來愈罕見的景象。

店面租金

由於是祖傳用地，因此也省下了一筆租金開銷，可以提供更好的食材來供應顧客，不過除此之外，由於所有的材料準備（沾醬除外）都在現場製作，所以每個月的水電開銷也不少。

硬體設備

在生財器具上郭先生沒有太大的講究，放置甜不辣等主要食材的冰箱是一般家用規格，價格可參考一些家電賣場或是電器行的公定售價，攤車是向一般賣快餐車的製造商訂購，不像一般攤商還刻意到環河南路一帶比較價錢，不過盛裝甜不辣的

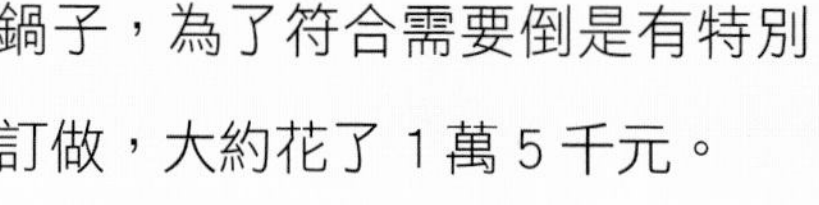

鍋子，為了符合需要倒是有特別訂做，大約花了 1 萬 5 千元。

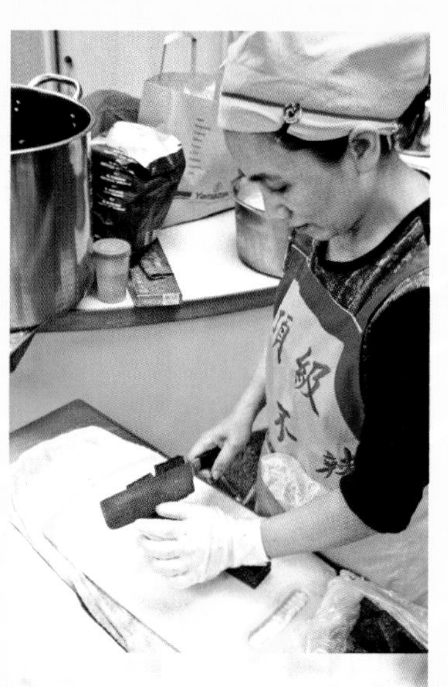

人手

近年來由於生意忙不過來，因此另外請了 2 位工作人員輪班分擔工作，每個人都可獨立作業。

客層調查

起初「頂級甜不辣」靠著附近的居民支持，生意可說是平穩成長，做了 10 多年的生意，郭先生夫婦看著許多客人成家立業，和客人的感情就像是周遭的親戚朋友一般；而接著因為 Here、Taipei Walker 等雜誌的在地介紹，漸漸打開了知名度，於是有許多慕名而來的客人也逐漸成為他們的主要客源；此外，由於緊鄰華西街觀光夜市，許多來自香港、日本、新加坡的觀光客也都會透過導遊的介紹，再加上攤子前滿滿的用餐人潮包圍之故，因為好奇而試吃，不過就連許多日本人都認為「頂級甜不辣」實在比他們本國的關東煮還要更優幾分呢。

人氣項目

既然是「頂級甜不辣」，那甜不辣裡的料可是各個真材實料、大有來頭。除了上等魚漿製作出的超Q甜不辣之外，新鮮的豬血糕、貢丸、水晶餃、油豆腐也都是純手工製作的呢！再加上熬煮湯頭的新鮮大骨及上等白羅蔔，共同造就了頂級的美味。料多實在，一碗卻只賣 40 元呢！

 營業狀況

由於地點就在熱鬧的華西街夜市旁，因此客人總是絡繹不絕。天氣好時，可要大排長龍才能吃到頂級甜不辣的美味。除了一般遊客及老饕之外，附近的公司行號也是郭先生夫婦的老客戶，常常下午一通電話進來就訂了不少甜不辣當作下午茶的點心。

未來計畫

將一家店顧好，顧好品質、顧好客人、顧好招牌就夠了。這是郭先生夫婦的共同想法，因此沒有開分店的打算。

數據大公開

項目	數字	說說話（備註）
開業年數	17 年	
創業資本	約 5 萬元	
月租金	無	土地為自家擁有
人手數	4 人	郭先生夫婦加上 2 位工作人員。
座位數	約 15 個	
每日來客數	約 450 人	
每日營業額	約 18,000 元	
每月營業額	約 486,000 元	
每月進貨成本	約 162,000 元	
每月淨賺	約 324,000 元	經專家估計，利潤約 6 成
公休日	每月不定時休 3 天	

老闆給新手的話

人人都只看到小吃生意興隆的攤前風光，不過郭先生卻認為幕後的工作時間往往要來得更加費心費力，他認為現在的年輕人比較不願意埋頭苦幹，花上長時間來經營小本生意。

至於食材的品質好壞，也是小吃生意成功與否的一個重要因素，因此郭先生絕對不會將難吃的材料端到客人面前，而小吃業者對於台灣小吃向來遵循的古早風味，更是他個人奉為圭臬般的深信不疑。

做法大公開

材料

1. 甜不辣　2. 白蘿蔔　3. 豬血糕

4. 貢丸　5. 水晶餃　6. 油豆腐

7. 大骨

哪裡買？

因為郭先生相當注重食材的新鮮品質，因此每一種食品除了絕對要求手工製作外，還與專門的廠商簽約，完全依照郭先生想要的品質與口感來特別製作。

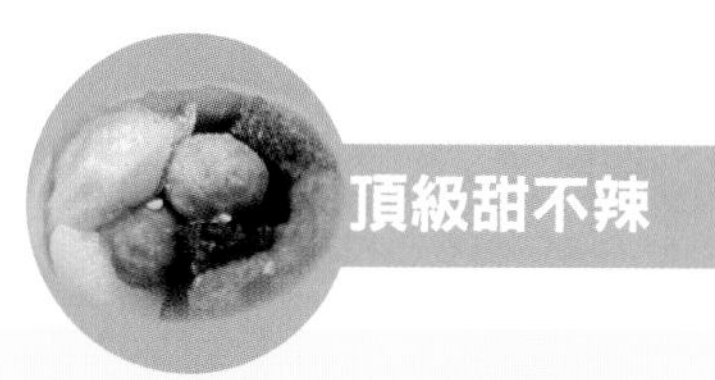

價錢一覽表：

項目	價錢	備註
甜不辣	50 元／ 1 斤	
白蘿蔔	10 元／ 1 斤（冬季價格） 1000 多元／ 1 箱（夏季價格）	時價
豬血糕	50 元／ 1 斤	每天現做運送，因此與一般市價差別約 3 倍以上。
貢丸	80 元／ 1 斤	
水晶餃	50 元／ 1 斤	
油豆腐	35 元／ 1 斤	

製作方法：

1. 前製處理

將所有材料洗淨備用。

2. 後製處理

甜辣醬（1）在鍋中加入水半斤、在來米粉兩大匙、番茄醬一大匙、糖 3 至 4 大匙（甜味程度視個人口味而定）、BB 醬 1 茶匙（喜歡辣味者可加入）。

（2）以小火煮至濃稠即可

高 湯（1）將蘿蔔放入水中熬煮約 1 小時。

（2）再加入豬大骨熬煮，即成高湯底。

其他配料

以中火加熱煮熟即可。

3. 獨家撇步

每日的新鮮醬料有郭先生的獨家秘方調製，不方便透露，不過要製作好吃的醬料，不加清水熬煮，才不容易酸壞。

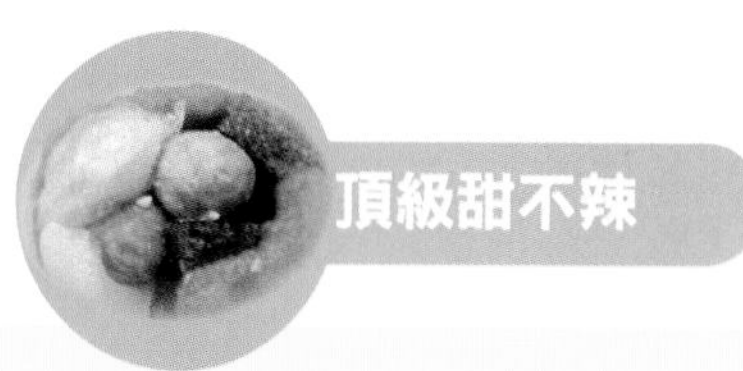

製作步驟

1. 將蘿蔔熬煮約一小時成湯的基底。
2. 蘿蔔撈起成食材之一。
3. 再把豬大骨入湯熬煮入味即成美味湯底。

1.

2.

3.

4.

5.

6.

7.

4. 其他配料以中火加熱煮熟。

5. 甜不辣基本食材通通放入碗內，但可視需求調整食材。

6. 淋上獨門醬料。

7. 再加些特調辣醬營造多層次的口感。

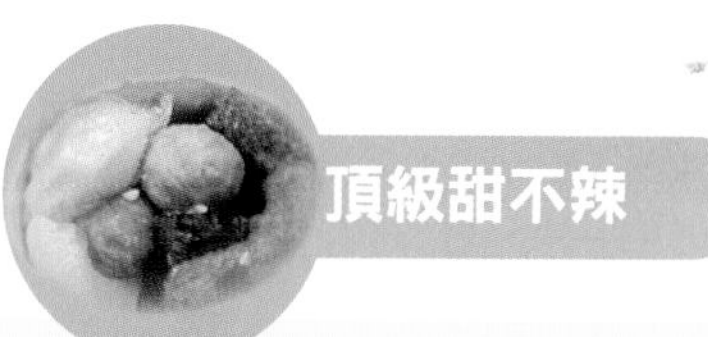

頂級甜不辣

美味實況

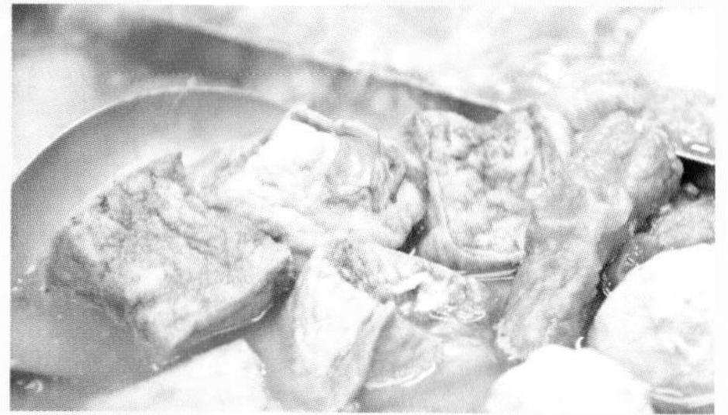

頂級榮獲"金牌獎
甜不辣40元

昌吉街豬血湯

昌吉街豬血湯

老　　闆：	**古朝禎先生**
店　　齡：	**48 年**
營業地點：	**台北市昌吉街 46 號**
聯絡方式：	**（02）2596-1640**
營業時間：	**11：00AM ～ 08：00PM**

美味評價 ★★★★★

人氣評價 ★★★★★

服務評價 ★★★★★

價位評價 ★★★★★

特色評價 ★★★★★

地點評價 ★★★★★

名氣評價 ★★★★★

衛生評價 ★★★★★

湯鮮味美，口碑世界一流

我相信只要是落地生根的台灣人，一定都喝過豬血湯。只是不論是出自母親的手藝或是街邊的攤販，湯頭好歸好，可惜就是無法讓人上癮，不過現在的時代真是不同了，單單是豬血的品質，老闆都非常講究；而且不論以何種秘方熬出的湯頭，就算是喝得精光，還是覺得回味無窮；再加上工作人員的心血結晶，以及老闆秉持著好東西要與好朋友分享的心態，更讓人深感這種小吃雖不起眼，確是真正無價。

話說從頭

古先生和古太太是昌吉街豬血湯第二代的傳人，幾十年前，古太太娘家便在昌吉街擺著一個專賣豬血湯的小攤子。由於歷史的沿續，從前這一帶的人口都是相當平凡的士農工商階級，而古太太的娘家亦盡守本分，以簡單的小吃生意來維生，從古先生這一代拓展到目前的規模營業。

古先生原先的職業為空軍，因為沒能在軍校考試中拿到好成績，而未能成為畢生夢寐以求的飛官。雖然只唸了一年的官校，不過從他開始幫助古太太娘家經營的豬血湯生意之後，就專心的從事食品類的進出口貿易生意，從原先的路邊小吃攤慢慢擴大，好不容易有了一個自己的店面；漸漸地，為了容納更多的來客數，在租下緊鄰的店面後，就成了昌吉街豬血湯的今日規模。

其實除了湯頭的神秘配方之外，相當嚴格的品質管制流程和店主親切的服務態度，就是他們成功的最大原因。每天凌晨由屠宰場送來的新鮮豬血，經過古先生親手洗淨切塊冷藏後，就要開始迎接一天忙碌的營業時刻。古先生對於自家的豬血有相當的自信和驕傲，他認為他的豬血品質之好，稱之為「紅豆腐」都不為過。

由於名聲實在響亮，從前在板橋、中永和一帶曾經有人打著同樣名號藉以招徠顧客，但最後不是被古先生發現而拿下招牌，就是因為口味實在差得太遠，老早就自動被客人給淘汰出局了。

心路歷程

接棒多年來，古先生一向堅持的經營理念，莫非於品質創新與品管衛生，深信「保持原狀就是落伍」的觀念，像是早期的昌吉街豬血湯利用味精調味，不過古先生認為，現代人講究健康觀念，因此所有的湯頭材料多來自天然香料，當然味精也就不再使用。

據說由於「昌吉街豬血湯」的名氣之大，曾經採訪的大小

媒體不下 40 家，現在連電視媒體如何進行拍攝作業，他都十分熟悉了。其中最有趣的是，就連國中生要編輯校刊內容，也都跑過來採訪古先生，當時還因此在校內造成小小的迴響。

古先生不諱言從事小吃行業的辛苦，不過他的快樂倒相當簡單，就是來自於客人對於食物和口味的肯定；而且他認為從事一個行業，就得認真扮好相關的身分和角色，所以提供好吃的食物，比起賺錢，獲得來自客人的讚美與認同，古先生還要更有成就感。在店內的牆上，有好幾張知名人士與古先生的合照，像現在的總統馬英九、藝人王祖賢、陳美鳳、江宏恩、王識賢……等，而且他們都是這裡的常客喔！有時候休息或是一下工，可能就跑來這裡吃碗超讚的豬血湯，和古先生聊聊天，然後盡興而歸。

除此之外，因為古先生和古太太都有收集古董的嗜好，在店裡除了一張精緻的紅木桌外，在店中還有四處可見的木頭橫匾，再配上古意與深意十足的優美詩詞，嘴裡有好吃的台灣小吃，心裡則洋溢著一片古意盎然。

命名由來

大大高掛的紅色招牌，「昌吉街豬血湯」是為了方便路人與外地客容易辨識，不過拿著古先生設計的名片，他可是挺驕傲的以「天然紅豆腐」來稱呼招牌豬血湯。而且在店內所懸掛的金字「豬頭招牌」，除了是古先生個人的創意設計，也是專利商標，絕不容許外人隨意仿冒。

經營狀況

地點選擇

早期的豬血湯攤位距離現在的店址只有幾步之遙，昌吉街早年被在地人稱呼為「豬屠口」，不過有別於當時來消費的人口，只選擇便宜的小吃，可以餬口飯吃即可。這條街現在放眼望去，盡是令人難以抉擇的小吃店面，而這裡的豬血湯和往前走不遠的「昌吉紅燒鰻」，可是這條街上的兩大王牌。

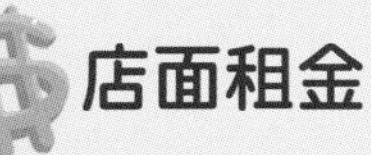店面租金

兩邊打通的店面，房東每個月收取 7 萬元的房租，而且不隨便漲價，古先生慶幸自己有個好房東，不過他也從來不遲繳房租，要是遇到有事得出遠門時，還會提早付給房東。

硬體設備

如果一般人要加盟小吃事業，古先生倒是建議完全不用擔心生財器具的準備，因為加盟主都會事先準備與規劃；不過若是要自行開業，一個看起來頗具規模的小吃店面，少說也得準備 100 萬的資金流通。生意大小規模可以由業主自行考慮，不過一個用來冷藏豬血和蔬菜類的冰箱，以及可提供加熱作用的攤車，絕對不能少。

人手

單店每天至少有 10 位員工負責店裡的工作，每一分區都有專人負責烹煮出菜，有專人負責點菜、送餐、收銀。讓隨時高朋滿座的昌吉街豬血湯，忙中有序，如果剛好遇到古老闆在店裡，他可是會熱情招呼令你賓至如歸。

客層調查

因為名氣夠響亮，客人當然是來自四面八方；更因食物好

吃，所以男女老少都吃得高興。由於曾有外國媒體遠渡重洋地跑來介紹，因此海外華僑和觀光客也絡繹不絕。曾有旅居國外的客人一次打包個好幾碗，就拎著上飛機請空服員冷藏，沒想到還過得了美國海關；還有一位加拿大華僑，也是在出國前一天晚上來吃豬血湯，一解鄉愁，沒想到卻因為來得太晚，差一點買不到剩下的豬血湯，好在有其他顧客將自己的份讓出來，讓他有機會一嚐美味，就連古先生看了都覺得很溫馨呢！

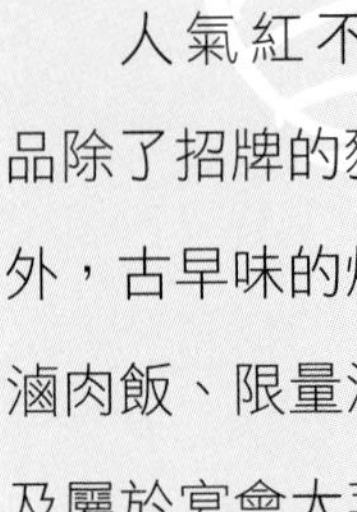

人氣項目

人氣紅不讓的商品除了招牌的豬血湯之外，古早味的炒米粉、滷肉飯、限量滷大腸以及屬於宴會大菜等級的特製涼拌脆腸，除了令

大飯店的主廚吃了還想再吃之外，還要想辦法將醬料配方給弄清楚哩！雖然有讓大廚師也心動的佳餚鎮店，整體價格卻是十分親民，招牌的豬血湯

40 元，特製的涼拌脆腸一盤也才 60 元而已。

 營業狀況

每天一到開店時間，店內隨即高朋滿座，在 12 點的用餐時間之前，古先生的店面至少已經翻桌 2 輪了！到了中午時間店外更是大排長龍！即使物價上漲，仍堅持低價高品質的服務，雖然薄利也多銷。

未來計畫

雖然古先生一半以上的事業重心在印尼，不過在台灣的事

業卻也開始有一番新的作為，已經在吉林路開出了第一家分店，目前成績不錯，由公司的資深員工負責掌舵。古先生更期許，在台灣能一年開出一家直營店！

數據大公開

項目	數字	說說話（備註）
開業年數	48 年	
創業資本	約 100 萬元	當時找個店面營業，以及必要的硬體設備支出
月租金	70,000 元	總店兩家互通的店面。
人手數	約 10 人	採輪班制
座位數	約 60 個	
每日來客數	約 1500 人	約略推估
每日營業額	約 150,000 元	以每人平均消費 100 元推估
每月營業額	約 4,500,000 元	
每月進貨成本	約 2,160,000 元	
每月淨賺	約 2,340,000 元	經專家估計，利潤約 5 成（含人事）
公休日	農曆新年	

老闆給新手的話

經營小吃要能夠獲利，就是得要調配研究出消費市場願意接受的口味，因此如何加入自己的創意和消費者的習慣來創新，是一門學問。由於經營小吃的辛苦不在話下，所以敬業態度也就更為重要。客人與小吃業者直接面對面的接觸，如果客人都願意肯定老闆的工作態度，那麼絕對不愁沒有生意進帳。

美味實況

昌吉街豬血湯35
真感謝 TVBS一步一腳印發現新台灣
三立電視(草地狀元)採訪報導
您的滿意 我們的追
您的蒞臨 我們的榮

做法大公開

材料

1. 豬血
2. 韭菜
3. 酸菜
4. 特殊沙茶醬
5. 南洋香料
6. 大骨

哪裡買？

每天由電宰場親自運送到店裡的新鮮豬血，經過處理以及適溫冷藏，因此豬血沒有氣孔，平滑度和密集度無可挑剔，所以新鮮豬血呈咖啡色狀態；而韭菜有專業栽培，經過一定的要求；至於南洋香料，由於採空運來台，可走一趟南北貨應有盡有的迪化街試試。

價錢一覽表：

項目	價格	備註
豬血	時價	
韭菜	約 12 元／ 1 斤	時價
酸菜	40 元／ 1 斤	

製作方法：

1. 前製處理

（1）新鮮豬血約 100 度熱溫時洗淨切塊，冷藏約 4 小時。

（2）韭菜、酸菜洗淨切好備用。

2. 後製處理

（1）大骨熬煮湯頭，以小火慢慢熬煮約 1 個半小時。

（2）加入香料調味，以小火熬煮約半小時即成高湯底。

（3）豬血加入高湯加熱即可食用。

（4）以約 100 度熱湯淋上酸菜，可激發酸菜的天然味道。

3. 獨家撇步

完美無瑕、口感柔軟至恰到好處的豬血，高品質的配菜，以及南洋口味的獨家香料，就是讓昌吉街豬血湯大大有名的原因所在。

製作步驟

1. 將處理好的豬血放置一旁備用。

2. 加入高湯內加熱。

3. 放入適量調味料。

4. 放入適量酸菜。

5. 放入適量韭菜。

6. 豬血湯成品。

陳薑藥燉排骨

陳董藥燉排骨

老　　闆：**陳家華先生**

店　　齡：**18 年**

營業地點：**台北市八德路 4 段 739 號（饒河街觀光夜市旁）**

聯絡方式：**（02）2596-1640**

營業時間：**4：00PM ～ 12：00AM**

美味評價 ★★★★★

人氣評價 ★★★★★

服務評價 ★★★★★

價位評價 ★★★★★

特色評價 ★★★★★

地點評價 ★★★★★

名氣評價 ★★★★★

衛生評價 ★★★★★

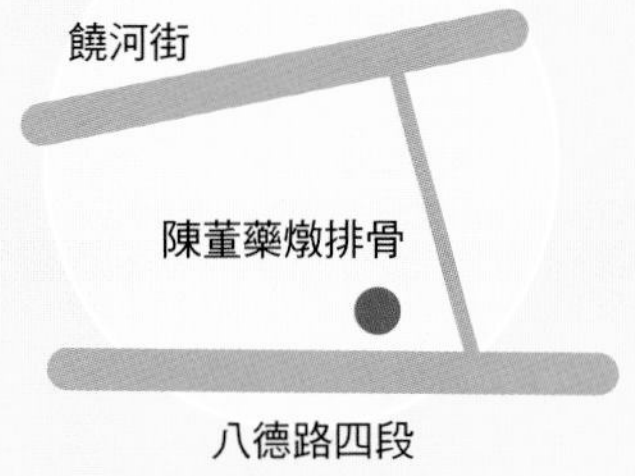

溫暖滋補藥膳料理

最近許多養身美容的食譜大行其道，而滋補的藥膳料理立刻成了焦點話題，也因此帶動了藥燉排骨的名氣，頓時增加了不少客源，在冷颼颼的寒冬中來上一碗洋溢著中藥香味的溫熱排骨湯，頓時之間似乎將身體中拚命發抖的寒氣都給一掃而空，縈繞全身的暖流，似乎也間接賦予身心充實的力量，果然是將養身美容的療效發揮於無形呢！

話說從頭

因為事業瓶頸的關係，陳先生捨棄了他原本擅長的成衣開發業，由於當時紡織業的成本昂貴，就算每每開發出新式布料或是款式，立刻就有不肖的仿冒商人跟進，陳先生意識到目前的事業已經開始走下坡，根本賺不了什麼錢，正巧有一位親戚多年來靠著賣蚵仔麵線賺進了一家建設公司，於是他也就以碰碰運氣的心態轉往小吃業發展。

初出茅廬的陳先生，除了曾經向人請教過藥燉排骨的做法之外，也就是抱著邊做邊學習的心態來經營，而且陳先生還評估過生意上的風險，因為大骨頭的成本相當低，要是不受歡迎而關門大吉，也不至於損失過多的進貨成本；當時藥燉排骨根本吸引不了台北地區的居民，因此來捧場的客人清一色都是那些從中南部上來台北生活的人。直到近幾年來，或許是因為現代人開始注重養身保健之道，突然間陳先生的藥燉排骨開始

大受歡迎，再加上他的口味也不斷的在開發進步當中，因此也增加了他不少的知名度。

現在「陳董藥燉排骨」早已經是台北市內首屈一指的排骨大王，陳先生所經營的藥燉排骨，連他自己都覺得應該是全台灣第一家經營的老字號，由於名氣這麼響亮，全台賣排骨的廠商也都知道有他這麼一號人物，再加上陳先生早已經透過不少美食報導的採訪而奠定了個人的知名度，現在常常是走在路上就像掛著明星光環一般，時常有人來主動寒暄攀談，簡直就跟意氣風發的大企業家一般風光。

心路歷程

陳先生或許沒料到他本來只想要小本經營的藥燉排骨會有今日的成功，不過他在食材選擇上的用心程度，才是口碑不斷累積的真正因素。陳先生說早期賣的藥燉排骨看起來黑黑苦苦的，經過慢慢改良之後，現在吃他的藥燉排骨，除了相當清爽的口感之外，還有無形中增加的健身療效：血氣暢通、治療不孕、壯陽強身……等由客人所親身體驗見證的口碑。

當初陳先生大約花了 1 年的時間才逐漸累積了一些固定的客層，走過這 10 多個年頭，完全是靠著穩紮穩打的工作態度，以時間來換取金錢，因此比起一般的行業說來，在體力上加倍損耗，再加上他所經營的藥燉排骨名氣一開，許多想要分一杯羹的人也來跟著湊熱鬧，所以在初期多少會影響到他的生意。

不過據說儘管有不少相同的藥燉排骨店，但各家的中藥用料所熬煮的湯頭不盡相同，客人比較之後，都還是對「陳董藥燉排

骨」情有獨鍾；而陳先生雖然對自己的口味相當有自信，他也明白每個人的偏愛口味不盡相同，對他來說，每 10 個上門的客人，只要有一半的人願意稱讚他的藥燉排骨好吃，他就已經非常滿足了。

命名由來

一般的藥燉排骨店肯定都會加上「十全」二字，當時頗有危機意識的陳先生，為了不想與其他家混淆，而且取個店名也方便來消費的顧客稱呼，於是在大約在 16、7 年前，打算申請註冊商標以示區隔；不過「陳董」這個聽起來相當大氣的名字，卻是陳先生在註冊當天，突然之間靈光乍現蹦出來的名號，乍聽之下，令人覺得相當特別。

經營狀況

地點選擇

一開始就選擇饒河街的觀光夜市來做生意，當時這一帶的租金低廉，陳先生絕對負擔得起，不過到後來由於生意漸漸興隆，有時候來吃的人潮一多，占到其他店家的生意反而不好，所以陳先生又在松山車站的對面租下一間寬敞的店面，可以容納大約 75 位客人，當然也因此順理成章的成為「陳董藥燉排骨」的總店了。

店面租金

目前在饒河夜市路中的攤位，因為陳先生已經買下來的關係，所以不需要租金支出，至於八德路上的總店，每個月則需要支付 30 萬元的租金，不過因為靠近路口，搭車的人潮也相對帶來不少生意，用餐的空間寬敞，坐下來吃飯的客人也變多了，可說是利多於弊。

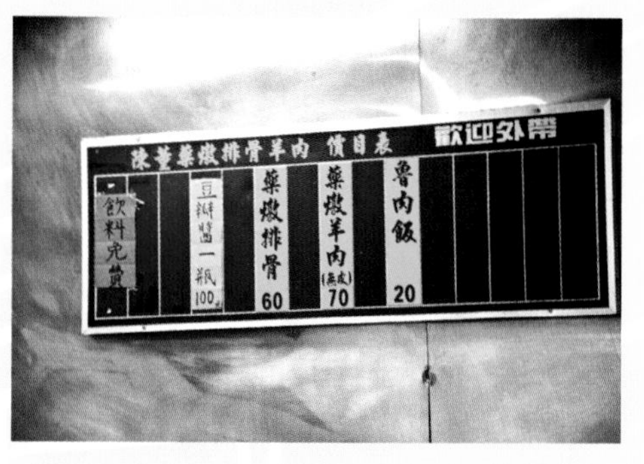

硬體設備

經營藥燉排骨的生財器具大致說來，需要準備桶子用來盛放熬煮好的中藥高湯，快速爐用來保持一定的加熱溫度，以及冷藏普通食材的冰箱，冷凍肉類的冷凍櫃絕對不可少，規模大小當然得視個人需要而定，陳先生都是在環河南路一帶的集中地購買所需要的硬體設備，不過除了他的攤車是因為參照古人有此一說的賺錢秘訣，而使用特殊的尺寸來訂製，否則陳先生認為做生意為的就是求利，其實不需要刻意在這些生財器具上大肆鋪張。

 人手

兩個攤位共 10 名工作人員，對陳老闆來說，小小的一碗藥燉排骨，裡面需要的不只是新鮮的食材和獨特的配方，在烹調過程中的每個小細節都不可馬虎，這些都需要時間經驗的累積。而陳老闆對於品質的高標準要求，也反映在座無虛席的攤位上。

客層調查

計程車司機常常來光顧「陳董藥燉排骨」，由於長期食用之後確實有清瘀活血的療效，經過他們最直接立即的好康相報，也為陳先生增加了不少外來客源；此外，陳先生的老客人也不少，從前只有一些 30 至 40 歲左右的中年客層才喜歡吃藥燉排骨，現在來這裡消費的客人，可說是不分男女老少，而且常常有許多客人連續幾個月的時間，每天必定向「陳董藥燉排骨」報到，數十年來如一日，所以這裡的藥燉排骨到底有沒有療效，他們最適合當見證人。

而在媒體熱鬧報導之下，也吸引了不少學生族群的光顧，

許多專程前來一探究竟的老饕也不在其數；加上饒河街觀光夜市和鄰近五分埔所凝聚的逛街人潮，都是「陳董藥燉排骨」能夠時時高朋滿座的主因。

人氣項目

除了長年暢銷的藥燉排骨外，在這裡也可以吃得到魯肉飯和藥燉羊肉。獨家的配方讓羊肉吃起來，沒有一般人難以接受的腥羶味，肉質細軟溫醇。由於大部分的人都還是喜歡原創的「藥燉排骨」，因此羊肉和排骨的銷量，大約是 3 比 7 左右。

營業狀況

在饒河街夜市這個小吃的「一級戰區」，同性質的攤位比比皆是，但獨特的湯頭配方和精心處理過的食材，讓「陳董藥燉排骨」每日仍有不錯的銷售數量，要說「陳董藥燉排骨」是

箇中翹楚，絕對當之無愧。

未來計畫

目前有二個營業場所，除了在夜市內的攤位外，還有一家店面，提供更充裕的用餐空間。雖然二處有總計超過 150 個座位，但每到尖峰時刻，仍然一位難求。即便生意如日中天，但由於物價飛漲，加上店面租金負擔不小，目前老闆只求穩定經營，並沒有再拓展分店的計畫。

數據大公開

項目	數字	說說話（備註）
開業年數	18 年	
創業資本	約 2 萬元	不過經過陳先生的評估，在今日想要經營一家藥燉排骨的小吃攤，絕對不只這些錢，或許還要經過多方面的考量，才能估計大約的資金
月租金	300,000 元	八德路店面（饒河店為自有，不需租金）
人手數	共 10 人	2 家店各 5 人
座位數	約 150 個	2 家店合計
每日來客數	約 1200 人	2 家店合計，夏天略減
每日營業額	約 72,000 元	2 家店合計，夏天略減
每月營業額	約 2,160,000 元	2 家店合計，夏天略減
每月進貨成本	約 1,100,000 元	
每月淨賺	約 1,060,000 元	經專家估計，利潤約 4～5 成
公休日	農曆年休 4 天	

老闆給新手的話

經營小吃一定要徹底研究當地人的飲食習慣和口味，才能跨出成功的第一步，而且由於小吃業也是服務業的一種，因此不論在烹調肉類的技術，或是藥包口味的調配上，都是一項必須認真學習的技術，這樣一來，客人吃得出老闆的用心，小吃事業的經營才有蒸蒸日上的業績可言。

做法大公開

材料

1. 排骨（豬骨和中骨）
2. 羊肉
3. 中藥包（包括當歸、川芎、黃耆等 8 種藥材）
4. 鹽巴

哪裡買？

肉類食品都是陳先生向固定的貿易商訂購，不過以他的建議，通常要以中骨來藥燉的口味最佳，只是現代人除了講究肉質的口感，也注重肉類的香味，因此他都會將有肉的排骨和一般大骨一起混雜著煮；至於中藥包，可視各人喜好的口味或是要求的療效，透過大盤中藥商的批發，比較便宜。

價錢一覽表：

項目	價錢	備註
排骨	30 元／ 1 斤	時價
羊肉	70 元／ 1 斤	

製作方法：

1. 前製處理

將排骨放入沸騰熱水中汆燙後立即撈起。

2. 後製處理

（1）將排骨再放入熱水中熬煮約 2 小時，加入中藥包。

（2）加入鹽巴調味並加入些許冰糖，藉以增加排骨甜味。

（3）以慢火熬煮約半小時。

3. 獨家撇步

中藥包有著老闆的獨家秘方，因此不油不膩，清爽順口。

製作步驟

1. 適量清水煮沸。

2. 加入大骨及排骨熬煮。

3. 待排骨滾熟入味之後放入中藥包。

4. 不停攪動鍋內湯底。

5. 撈起懸浮物。

6. 約莫燉煮 4 小時即可加枸杞調味販賣。

7. 藥燉排骨成品。

昌吉紅燒鰻

昌吉紅燒鰻

老　　闆：**張根藤先生**

店　　齡：**51 年**

營業地點：**台北市昌吉街 51 號**

聯絡方式：（02）2592-7085

營業時間：9：30PM ～ 12：00AM

美味評價 ★★★★★

人氣評價 ★★★★★

服務評價 ★★★★★

價位評價 ★★★★★

特色評價 ★★★★★

地點評價 ★★★★

名氣評價 ★★★★★

衛生評價 ★★★★★

赫赫有名古早味

日本的鰻魚飯有名得不得了，因此一般人或許就以為只有向來講究美食的日本人，才懂得如何做出口味鮮美的鰻魚料理，不過在台北市絕對赫赫有名的「昌吉紅燒鰻」，卻是將祖先的烹飪智慧衷心傳承，並且發揚光大，成了美食老饕們一而再再而三口耳推薦的最靚美食地點，也算是台灣小吃料理企業化經營的佼佼代表者。

話說從頭

在小吃店中的牆上高高掛著 2 幅相當懷舊的照片，其中一張便是張老闆的母親當時擺著小攤子營生的一隅景象，清晰可見當時一碗的招牌「枸杞紅燒鰻」，價格是一碗 3 元。紅燒鰻這道料理原本是大陸汕頭一帶的家常食物，張老闆的母親王月娥女士當時就是靠著唯一的招牌料理，來維持一家生計，從每碗 2 塊半賣了 40 多個年頭，一直以來生意都相當不錯，而從小就在攤上幫忙洗碗收拾的張老闆，也在當兵退伍之後，正式接手家族生意，起初也是家裡的父母和兄弟姊妹一起幫忙跟著做，幾年之後，因為生意愈來愈好，也就因著需要逐漸擴大營業規模，到目前為止，家族中的第三代子孫也陸續在幕後負責行政相關事務的運作。

在張老闆的努力之下，原本只是賴以維生的小吃攤成為光宗耀祖的輝煌成就。不過至今張

老闆還是一切以手工製作為主，而原本的汕頭口味也在他不斷的改良之下，讓吃過的台灣人個個讚不絕口。張老闆的紅燒鰻早在民國七〇年代，美食報導完全不盛行之際，就已經獲得當時幾個大報的青睞，分別做了相關報導，而張老闆那時也接受了自立晚報的專訪，民國 76 年刊出報導之時，自立晚報的定位以反動政府的言論為主，至今張老闆還將這篇相關報導放大裱框掛在店中，物換星移，而今自立晚報已經停刊，反倒是消費的顧客上門一眼望去時，成了一種特殊的紀念。

心路歷程

張老闆一步一腳印的達成今日的成就，或許因為生意的需要，他時常到大陸或是南洋一帶研究相關的食材，因此若是談起他的紅燒鰻有著什麼樣的特色，他都可以滔滔不絕的解說，讓人相當佩服他的用心和專業。由於張老闆所需要的鰻魚數量相當龐大，並不亞於一般的大型餐廳供應，因此他早就和相關的魚獲工廠簽下一紙年約，魚獲來源以巴基斯坦的黃鰻和南中國海的青鰻為主，這 2 種鰻魚也是他所認為的最佳品種，而且他只供應年齡長達 5 歲以上的鰻魚，恰到好處的成熟魚肉，咬

勁十足，當然鮮美的口感品質自然不在話下。

在處理過程上，使用手工製作方式，不論醃製、攪拌和油炸等技術都以大量的人工來運作。其他像是湯頭的用料，同樣是大量批發買進的上等中藥，並且還調配了去油脂的特殊配方，十分符合現代人講究健康養生的藥膳概念；就連店內所使用的辣椒醬，也是相當道地的四川口味，而內部廚房的清潔衛生他也相當注重，在這種環境下容易滋生的老鼠和蟑螂，都逃不出他的法眼，所以客人在這裡用餐可是絕對安心。

張老闆認為，「昌吉紅燒鰻」完全遵循古法所調配的傳統口味，除了讓他的生意處處有口碑，他個人也是相當驕傲這種獨一無二的特色。

命名由來

因為就位在昌吉街上，所以順水推舟的以街道名稱命名，不過由於在註冊商標的登記上有所困難，而且店名也只是一種代表性的符號，一般的老客人都會認得他的口味而常常登門報到。

經營狀況

地點選擇

在張老闆母親做生意的那個時代，昌吉街和蘭州街一帶交叉之處，原本被稱為「豬屠口」，當時都是一些從事豬宰行業的勞動階層在這裡營生，張老闆的母親原本只是擺個小攤子在此餬口，沒想到在張老闆這一代發揚光大，目前已經成了昌吉街有名的招牌小吃之一。

店面租金

據說以前這一帶是國民住宅，多年前改建之時將目前的店面買了下來，這家店目前是張老闆所持有，因此不需要房租的額外花費，而他在八里還另外設有一個中央廚房工廠，廠內人手除了負責鰻魚的處理製作部分，許多來自工商行號的大量訂購也多半由這裡完成後送出。不過在昌吉街上儘管各種小吃密集供應，由於都是以店面的形式經營，因此租金都在幾萬元上下的空間。

硬體設備

在負責料理油炸鰻魚的廚房中，所需要的不外乎抽油煙機和視份量需要所具備的大型油鍋，另外分別以中等的不銹鋼盆來裝盛已經油炸過的各部位鰻魚，而賣場上所使用的攤車，則是需要一些瓦斯加熱設備來保持食物的溫熱品質，林林總總相加，目前張老闆店內設備大約的價值在 100 萬上下，不過他建議若是新手開業，大約也得準備 30 萬元左右的資本才足夠。

人手

從採購、倉儲、銷售，昌吉目前約有 60 名員工。在進銷貨數量的管理上，張老闆自家研發了一套系統，不但減少人為因素的耗損，更能清楚的掌握每種食材的鮮度保存，與足夠的供應量。在昌吉的員工，每個人都有機會在各個部門歷練，學習

到完整的紅燒鰻製作過程。

客層調查

紅燒鰻這種小吃可說是老少咸宜，在這裡的員工每天都會根據上門消費的客層做鉅細靡遺的統計，為的是評估消費客人的口味喜好和供應數量，而且許多客人總是每天上門報到，連一些政商名人也都毫無例外。

張老闆說有一陣子洪文棟先生總是會在一早帶著他的夫人楊麗花女士來品嚐，颳風下雨毫無例外，而其他像是小美冰淇淋和新光集團的負責人、民進黨前主席黃信介、現任總統馬英九先生，也都是司空見慣的常客。

人氣項目

在要求嚴格的「昌吉紅燒鰻」，每樣單品都是精心製作，很難分出高下。其中可稱之為張家私房菜的炒米粉，從張媽媽

手中一路傳承至今，50 多年來的堅持，美味無庸置疑。而昌吉的招牌——紅燒鰻，點餐後，工作人員更會依客人的年紀，推薦最適合的部位，讓每位前來的客人，都能嚐到最符合需求的口感，每份 65 元的售價，實在划算。

而魚卵也是另一項人氣單品，每日新鮮限量供應，每份 40 元起，令人感動的鮮美味道，總是讓魚卵每天都銷售一空。而最近新推出的「曼波魚卵」，除了每份 49 元的平實售價外，創新的口味也十分受到新舊顧客的青睞，銷量完全不輸其他單品。在「昌吉紅燒鰻」，每一道菜都是不可錯過的好味道！

 營業狀況

穩定中求發展，一步一腳印的踏實，讓張老闆的「昌吉紅燒鰻」有了今日的規模。謙虛的張老闆不願透露每日銷售的具體數量，但從川流不息的人潮來看，張老闆的踏實和堅持，的確是生意興隆的不二法門。

 未來計畫

受限於食材來源的限制，張老闆寧可在目前原有的基礎上，做更精緻的規劃。張老闆說，目前沒有展店的計畫，而是著重在品質的要求和口味的創新，像最近新推出的「曼波魚卵」就是很成功的例子。

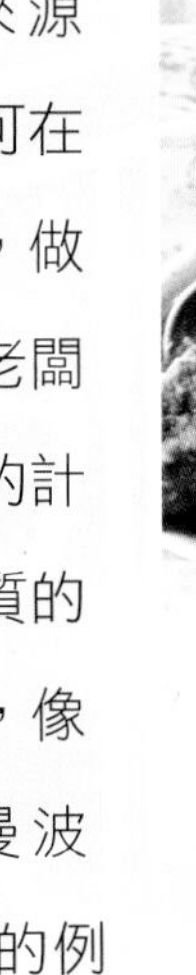

數據大公開

項目	數字	說說話（備註）
開業年數	51 年	
創業資本	約 30 萬元	由於年代實在久遠，當初的開業資金當然無法算數，不過根據張先生的估計，若是在基本設備和材料成本上的花費，絕對不可能低於這個數字。
月租金	無	自有店面
人手數	約 60 位	含工廠
座位數	約 50 個	
每日來客數	約 600 人	
每日營業額	約 39,000 元	約略推估
每月營業額	約 1,170,000 元	昌吉街店面
每月進貨成本	約 526,200 元	約略推估
每月淨賺	約 643,800 元	專家估計利潤約 5 成
公休日	農曆年休除夕至初五	

老闆給新手的話

以張老闆的成功經驗論，他認為小吃業者所提供的食材必須要迎合市場偏好的口味需求，根據消費者的喜好來加以研究改良，而且和消費者之間的互動也相當重要，如此才不至於和時代脫節，也才能夠時時進一步掌握成功的要領。

不過他也認為目前的小吃市場其實不好經營，或許是美食報導的大行其道，讓部分消費者會有所依據而當成一種品牌上的認知，因此要能夠突破一般消費者對於陌生小吃攤的心防，也是一門技巧。

做法大公開

材料

1. 鰻魚
2. 中藥香料（當歸、川芎……等）
3. 調味料（紅酒糟、醬油、味素、鹽、糖、米酒）
4. 沙拉油

哪裡買？

香料及調味料可到迪化街市場選擇自己所需要品牌及口味，應有盡有，同時因為大量批發也比較便宜，鰻魚則可至一般魚市場選購。

價錢一覽表：

項目	價錢	備註
鰻魚	60 元／ 1 斤	價格不定，通常價格依照產區及產量的差別，在價格上時有波動
沙拉油	50 元／ 1 公升	

製作方法：

1. 前製處理

（1）將調味料依照比例醃製鰻魚。

（2）以 1 斤鰻魚為例，所需調味料為紅酒糟 2 兩，味素和鹽各 1/2 茶匙，糖 1 茶匙、醬油 2 大匙、米酒 1 大匙，醃製時間為半小時至 1 小時（時間長短視鰻魚切塊的大小而定）

（3）洗淨後將各部位切塊放入冷藏櫃中低溫醃製。

（4）24 小時後加以攪拌藉以入味（同時可排出鰻魚體

內水分）

2. 後製處理

（1）中藥材熬煮約半小時成高湯底。

（2）鰻魚放入油鍋內以 180 度高溫油炸至熟透為止。

3. 獨家撇步

在低溫醃製過程中，加入紅酒糟可增加香味，醃製時間愈久，魚肉愈香 。

製作步驟

1. 經過紅酒糟醃製及炸過的鰻魚半成品。
2. 放入已經調味好中藥材濃縮汁的鍋中滷製。

1.

2.

3. 加入新鮮翠綠的高麗菜同煮。

4. 稍煮一會兒入味後，將鰻魚及高麗菜撈起即可食用。

5. 紅燒鰻成品。

美味實況

品項	價格
紅燒鰻	65元
鰻魚頭	65元
米粉(大)	25元
米粉(小)	20元
魚卵(大)	80元
魚卵(小)	40元
魚卵湯	65元

碧波魚卵

兩喜號魷魚羹

兩喜號魷魚羹

老　　闆：**陳秉駿先生**

店　　齡：**89 年**

營業地點：**台北市萬華區西園路 1 段 194 號**

聯絡方式：**（02）2336-1129**

營業時間：**10：00AM ～ 12：30PM**

美味評價 ★★★★

人氣評價 ★★★★

服務評價 ★★★★

價位評價 ★★★★

特色評價 ★★★★

地點評價 ★★★★

名氣評價 ★★★★

衛生評價 ★★★★

老店成地標 愈老愈夠味

由於萬華一帶緊鄰著熱鬧的華西街觀光夜市，因此不論是路邊小吃攤或是自營小吃店面，簡直多如過江之鯽，不可勝數；許多位在這裡的老字號小吃，經營歷史一家比一家悠久，好像怎麼也比不完，而緊鄰著西園路和廣州街的熱鬧路段，偌大而醒目的兩喜號，在第三代老闆彷彿浴火重生般的經歷之後，成為萬華小吃的顯著地標。

話說從頭

我想任何人在乍看到兩喜號擁有傲人的近 90 年的經營紀錄，都會吐吐舌頭不可置信，從民國十年由陳老闆的祖父——陳兩喜先生在龍山寺埕消防栓賣起魷魚羹，當時所使用的商標碗，至今還陳設在兩喜號的總店牆上。

一邊是咬勁十足的魷魚，一邊是高級的旗魚魚漿，根據古法熬煮的鮮美羹湯透過陳老闆的父親——陳清水先生，傳給了第三代經營者——陳秉駿先生。不過陳老闆當時在繼承家業之際，除了傳家的調味秘方和手藝，可說是從零開始：當十二號公園的周邊市場拆除之後，陳老闆只能選擇由政府在萬華市場所提供的攤位營業，陳老闆心想，在這種人煙稀少的地方做生意，

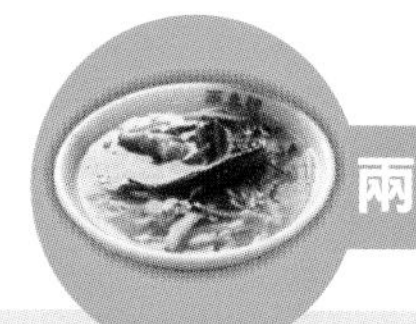

豈不就是斷了原本的財路，因此他便和太太選在西園路重新擺起攤位。

每天就在許多店面紛紛打烊之後，兩喜號才開始做生意，從晚上 10 點營業到清晨 5 點。許多人一定以為頂著祖傳的響亮名號，就算是冷門的生意時段，想必也是影響不大，錯了！由於許多老顧客在平常時段再也找不到兩喜號的攤子，客源自然流失不少，因此陳老闆和陳太太在那時完全是從無到有的重新來過，他們每天不畏風吹雨打，任勞任怨的在固定時段推出攤車和擺出桌椅做生意，全年無休，於是附近一帶的夜貓族，和興致一來想吃宵夜的人，不至於無處可去，再加上原本有口皆碑的美味，讓陳老闆東山再起，發揚祖業，到現在他在萬華已經有分店了。

心路歷程

陳老闆當初是因為不愛唸書，才自願從父親手中接下這個生意擔子，重新再起步開發自己的客層時，也曾遭遇不少挫折，甚至心灰意冷而萌生收手不幹的念頭。凡事起頭難，雖然陳老闆的營業時段在多年前可說是相當冷門，不過陳老闆和陳太太仍是風雨無阻的想盡辦法營生：他們曾經碰過每天只有零星的幾位客人，到了晚上 11 點公車收班之後就沒有什麼客人上門的情況；他們曾經在颱風即將颳到台北的 1、2 個鐘頭前才捨得收攤，否則絕對撐到凌晨 5 點才肯回家休息。於是嗜吃宵夜的顧客漸漸的知道有這麼一家準時營業的攤子存在，老顧客也漸漸回籠，新、舊客好吃道相報，口耳一再相傳，為兩喜號再次打響名號。許多老顧客的忠實光臨，甚至只是因為欣賞陳老闆夫妻的苦幹實幹。

就在小吃生意有了平穩的起色之後，陳老闆更是聽從顧客的建議，亟思尋找一個可以遮風避雨的店面擴大營業，至今他還是秉持著當初從路邊攤起家的敬業精神，全年無休，而且事事親力親為，和陳太太十分有默契的經營兩家店面；從無到有，陳老闆從經濟上的一無所有，再加上四周親朋好友完全不看好的情形之下，憑著自己的努力和幸運之神的眷顧，打下了今日的輝煌江山。

命名由來

從陳兩喜先生在民國初期開設魷魚羹小吃開始，到現在的第三代經營，「兩喜號」的攤位名稱沿用至今，到了現在，除了陳老闆在店內陳設祖父時代所使用的復古碗之外，陳先生的食器上也都印著兩喜號的正字商標。

經營狀況

地點選擇

原位於夜市裡的總店，雖然營業時間從早上 11 點開始，但主要客層仍是以逛夜市的遊客居多，為了網羅白天的遊客，因此又在西園路開立了分店。

店面租金

由於緊鄰龍山寺和華西街觀光夜市，其實租金也是貴得嚇人，在這樣的繁華地段上，實際的租金並不亞於西門町一帶的熱鬧商圈。

硬體設備

陳老闆所使用的攤車和冰箱，當初都是以實際的需要在環河南路一帶以大約 8,000 元左右的價格購進，不過若是新手入門，其實陳老闆倒是建議這些未來的老闆和老闆娘，可以先到汀州路一帶的商店看看一些二手設備，生意從小做起，硬體設備在相對上可以一切從簡，夠用就好。

人手

目前共 2 家店面，單店約為 6 名員工，分 3 班制。現場負

責烹煮的有4人，外場2人。

客層調查

在從前那個人人還不算富裕的時代裡，平常能夠吃上幾碗魷魚羹的客人，其實家境都算相當不錯，不少人都有著相當的身分地位，在兩喜號的老顧客中，數不清有多少人是從小吃到大，現在都已經是白髮蒼蒼的祖父母輩了。

而有幾位客人曾經在陳老闆還擺著西園路上的小吃攤時，常常不定時的來探望，並且給予鼓勵和讚美，像是生產金雙氧眼鏡藥水的大老闆，便曾經對陳老闆説過這樣的話：「除了來品嚐兩喜號的懷念味道，還要來看看你們這對賣力做生意的夫妻。」華新牛排集團和盧記麻辣火鍋的老闆，除了常常光顧之外，還曾經適時的給予陳老闆夫妻中肯的建議，也因此他們才能開設屬於自己的店面，而這可是用金錢買不到的換帖交情呢。

人氣項目

　　不只是魷魚羹，其他像米粉、蝦卷、古早味魯肉飯…等等，都是「兩喜號」裡最受歡迎的長青商品，只要 40 元就能享受道地又美味的魷魚羹。以蒜泥、醬油、油蔥調味的炒米粉，也是讓人懷念再三的傳統口味。

營業狀況

在一片不景氣的低迷氛圍之下，兩喜號仍然屹立不搖，絲毫不受影響。每天平均 600 碗以上的穩定銷量，也是堅持高品質的最好象徵。

未來計畫

對於未來計畫，老闆說：「就穩定中求『平常』吧！目前沒有開分店的打算了。」其實從店內平實的售價也不難看出，老闆的小吃並不以營利為最終目的，而是希望能夠把傳統的好味道延續下去，也因為這樣的信念，才讓兩喜號能夠穩定成長至今。

數字會說話

項目	數字	說說話（備註）
開業年數	89 年	
創業資本	約 4 萬元	簡單的硬體設備，尤其是新手可先購買二手用具，藉以降低開業成本
月租金		陳老闆不方便透露，但據說實際地價不亞於西門町一帶的熱鬧商圈
人手數	6 人	西園店與萬華總店各 6 人
座位數	約 50 個	
每日來客數	約 600 人	
每日營業額	約 24,000 元	
每月營業額	約 720,000 元	
每月進貨成本	約 300,000 元	
每月淨賺	約 420,000 元	經專家估計，利潤約 6 成
公休日	無	全年無休

老闆給新手的話

陳老闆在附近一帶看過許多有心從事小吃業的新手，往往不見多久的時間就打了退堂鼓，還沒有耐心賺到錢，就已經賠了不少材料成本，真可說是賠了夫人又折兵，陳老闆認為，要作為一個小吃老闆，熟練的手藝相當重要，像他這一類的專業人士，往往從舀湯和切菜的手法就可以看出料理的美味與否。

因此他鼓勵新手一定要多多觀察別人做生意的態度和本事，並且在材料的選擇和應用上，一定要以實在為原則（即使是不惜成本），只要一獲得顧客的肯定，朝賺大錢的機會也就更邁進一步了。

做法大公開

材料

1. 高湯 35 斤（7 斤水約 20 碗）
2. 魷魚，上等的整隻魷魚 3 斤
3. 旗魚魚漿 4.5 斤
4. 竹筍絲 1 斤
5. 地瓜粉半杯
6. 香菜適量
7. 醬油適量
8. 紅蔥頭適量
9. 胡椒粉適量
10. 鹽、糖適量
11. 柴魚精適量

哪裡買？

南北貨批發相當有名的迪化街上，就可以買到整隻的乾魷魚，陳老闆建議幾個選購的要點：像是魷魚愈大品質則愈好，而且阿根廷進口的魷魚又比一般市面上所販售的巴西進口魷魚好。至於魚漿也分為好幾種，旗魚魚漿因為季節性量產的關係，因此價錢較高，不過嚐起來的口感卻比較脆，其他像是鯊魚魚漿，或是一些名不

見經傳的小魚混合所製作的魚漿，口感的差別會影響到價位，陳老闆建議一般人可直接到製作魚丸之類的專門店購買所需的種類，也可以製作出手工般的口感。

價錢一覽表：（以約 20 碗的份量計算）

項目	所需份量	價錢	備註
乾魷魚	3 斤	約 510 元	時價
旗魚魚漿	4.5 斤	約 360 元	
竹筍絲	1 斤	時價	
地瓜粉	半杯	時價	

製作方法：

1. 前製處理

乾魷魚（1）乾魷魚泡水至少一個晚上的時間，變軟後切片。

（2）倒入適量的鹼粉，將切片魷魚浸泡約 1～3 小時，直到肉質變得既軟且脆為止。

（3）用大量活水漂淨魷魚中所含的鹼粉（直到水質清澈

透明），讓魷魚呈現膨脹效果。

（4）魷魚用熱水稍微汆燙，再浸入冷水中。

（5）將魷魚急速冷凍以維持咬勁十足的口感。

魚　漿（1）在生魚漿中加入少許胡椒粉以去除腥味。

（2）利用手工捏出魚漿形狀後，放入水中煮，浮起即煮熟。

2. 後製處理

（1）魚漿高湯加入地瓜粉水勾芡成為羹湯底。

（2）加入醬油、鹽、味精、柴魚精等調味料調味。

（3）放入已經切好的竹筍絲。

（4）加入魚漿、阿根廷魷魚烹煮一會兒。

（5）舀起適量的魚漿、魷魚及高湯，加入獨家秘方的醬料及香菜、胡椒粉、香油即完成好吃的魷魚羹。

3. 獨家撇步

（1）對於身體無害的鹼粉，是維持魷魚十足Q勁口感的小秘訣。

（2）獨家調製的醬料，是美味絕頂的秘訣，重點在於先將紅蔥頭爆香、壓碎、加入醬油、糖、鹽、胡椒粉等調味料熬煮至香味四溢即成獨門醬汁。

製作步驟

1. 將已煮好的羹湯倒入鍋中。
2. 加入已事先燙熟之魷魚。
3. 加入筍絲提味。

1.

2.

3.

4. 拌勻後即可先將肉羹舀入碗中。
5. 接著舀入魷魚。
6. 加入適量調味料。
7. 最後加入香菜，便成一碗香味四溢的魷魚羹。

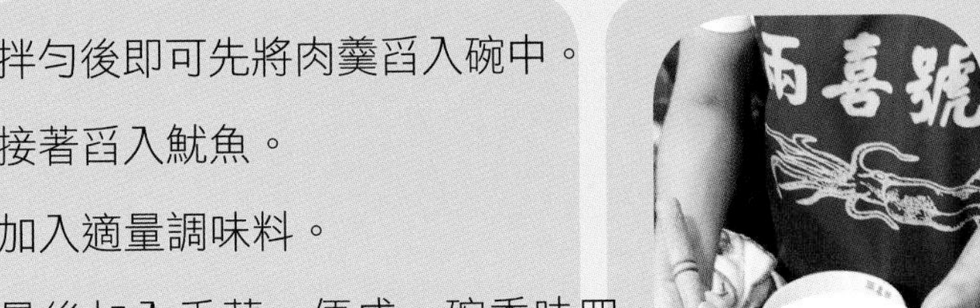

4.

5.

6.

7.

一本讓你脫離貧窮
徹底翻身的創業聖經！

路邊攤賺大錢系列 Money 1-14

【搶錢篇】 【奇蹟篇】 【致富篇】
【飾品配件篇】 【清涼美食篇】 【異國美食篇】
【元氣早餐篇】 【養生進補篇】 【加盟篇】
【中部搶錢篇】 【賺翻篇】 【大排長龍篇】
【人氣推薦篇】 【精華篇】

特別推薦 不容錯過

路邊攤賺大錢 money 7
【元氣早餐篇】
路邊攤賺大錢 money 9
【加盟篇】
休閒小站
KuKu-Q
路邊攤賺大錢 money 8
【養生進補篇】
路邊攤賺大錢 money 10
【中部搶錢篇】
路邊攤賺大錢 money 11
【賺翻篇】
路邊攤賺大錢 money 13
【人氣推薦篇】
徐琳舒◎著
★轉業、失業和待業的創業指南
★最貼近關注、實用的開店指導
★竅門史＋獨家製作步驟大公開
路邊攤賺大錢 money 12
【大排長龍篇】
大都會文化編輯部◎編著
路邊攤賺大錢 money 14
【精華篇】
搶救失業不喪氣
打敗貧窮不爭氣

大都會文化圖書目錄

●度小月系列

路邊攤賺大錢【搶錢篇】	280 元
路邊攤賺大錢 3【致富篇】	280 元
路邊攤賺大錢 5【清涼美食篇】	280 元
路邊攤賺大錢 7【元氣早餐篇】	280 元
路邊攤賺大錢 9【加盟篇】	280 元
路邊攤賺大錢 11【賺翻篇】	280 元
路邊攤賺大錢 13【人氣推薦篇】	280 元
路邊攤賺大錢 2【奇蹟篇】	280 元
路邊攤賺大錢 4【飾品配件篇】	280 元
路邊攤賺大錢 6【異國美食篇】	280 元
路邊攤賺大錢 8【養生進補篇】	280 元
路邊攤賺大錢 10【中部搶錢篇】	280 元
路邊攤賺大錢 12【大排長龍篇】	280 元
路邊攤賺大錢 14【精華篇】	280 元

●寵物當家系列

Smart 養狗寶典	380 元
貓咪玩具魔法 DIY —讓牠快樂起舞的 55 種方法	220 元
漂亮寶貝在你家 —寵物流行精品 DIY	220 元
我家有隻麝香豬—養豬完全攻略	220 元
生肖星座招財狗	200 元
SMART 養兔寶典	280 元
Good Dog —聰明飼主的愛犬訓練手冊	250 元
City Dog —時尚飼主的愛犬教養書	280 元
Know Your Dog —愛犬完全教養事典	320 元
Smart 養貓寶典	380 元
愛犬造型魔法書 —讓你的寶貝漂亮一下	260 元
我的陽光 · 我的寶貝 —寵物真情物語	220 元
SMART 養狗寶典（平裝版）	250 元
SMART 養貓寶典（平裝版）	250 元
熱帶魚寶典	350 元
愛犬特訓班	280 元
愛犬的美味健康煮	250 元

●心靈特區系列

每一片刻都是重生	220 元
成功方與圓 —改變一生的處世智慧	220 元
課本上學不到的 33 條人生經驗	149 元
從窮人進化到富人的 29 條處事智慧	149 元
心態 —成功的人就是和你不一樣	180 元
改變，做對的事	180 元
課堂上學不到的 100 條人生經驗	199 元（原價 300 元）
不可不知的職場叢林法則	199 元（原價 300 元）
不可不慎的面子問題	199 元（原價 300 元）
方圓道	199 元
氣度決定寬度	220 元
氣度決定寬度 2	220 元
智慧沙 2	199 元
生活是一種態度	220 元
忍的智慧	220 元
給大腦洗個澡	220 元
轉個彎路更寬	199 元
絕對管用的 38 條職場致勝法則	149 元
成長三部曲	299 元
當成功遇見你 —迎向陽光的信心與勇氣	180 元
智慧沙	199 元（原價 300 元）
不可不防的 13 種人	199 元（原價 300 元）
打開心裡的門窗	200 元
交心 —別讓誤會成為拓展人脈的絆腳石	199 元
12 天改變一生	199 元（原價 280 元）
轉念—扭轉逆境的智慧	220 元
逆轉勝— 發現在逆境中成長的智慧	199 元
好心態，好自在	220 元
要做事，先做人	220 元
交際是一種習慣	220 元

書名	價格	書名	價格
溝通— 沒有解不開的結	220 元	愛の練習曲 —與最親的人快樂相處	220 元

● SUCCESS 系列

書名	價格	書名	價格
七大狂銷戰略	220 元	打造一整年的好業績 —店面經營的 72 堂課	200 元
超級記憶術 —改變一生的學習方式	199 元	管理的鋼盔 —商戰存活與突圍的 25 個必勝錦囊	200 元
搞什麼行銷 —152 個商戰關鍵報告	220 元	精明人聰明人明白人 —態度決定你的成敗	200 元
人脈 = 錢脈 —改變一生的人際關係經營術	180 元	週一清晨的領導課	160 元
搶救貧窮大作戰の 48 條絕對法則	220 元	搜驚 ・ 搜精 ・ 搜金 —從 Google 的致富傳奇中，你學到了什麼？	199 元
絕對中國製造的 58 個管理智慧	200 元	客人在哪裡？ —決定你業績倍增的關鍵細節	200 元
殺出紅海 —漂亮勝出的 104 個商戰奇謀	220 元	商戰奇謀 36 計 —現代企業生存寶典 I	180 元
商戰奇謀 36 計 —現代企業生存寶典 II	180 元	商戰奇謀 36 計 —現代企業生存寶典 III	180 元
幸福家庭的理財計畫	250 元	巨賈定律—商戰奇謀 36 計	498 元
有錢真好！ 輕鬆理財的 10 種態度	200 元	創意決定優勢	180 元
我在華爾街的日子	220 元	贏在關係 —勇闖職場的人際關係經營術	180 元
買單！一次就搞定的談判技巧	199 元 （原價 300 元）	你在說什麼？ —39 歲前一定要學會的 66 種溝通技巧	220 元
與失敗有約 —13 張讓你遠離成功的入場券	220 元	職場 AQ —激化你的工作 DNA	220 元
智取 —商場上一定要知道的 55 件事	220 元	鏢局—現代企業的江湖式生存	220 元
到中國開店正夯《餐飲休閒篇》	250 元	勝出！ —抓住富人的 58 個黃金錦囊	220 元
搶賺人民幣的金雞母	250 元	創造價值 —讓自己升值的 13 個秘訣	220 元
李嘉誠談做人做事做生意	220 元	超級記憶術（紀念版）	199 元
執行力 —現代企業的江湖式生存	220 元	打造一整年的好業績 —店面經營的 72 堂課（二版）	220 元
週一清晨的領導課（二版）	199 元	把生意做大	220 元
李嘉誠再談做人做事做生意	220 元	好感力 —辦公室 C 咖出頭天的生存術	220 元
業務力 —銷售天王 VS. 三天陣亡	220 元	人脈 = 錢脈 —改變一生的人際關係經營術（平裝紀念版）	199 元
活出競爭力 —讓未來再發光的 4 堂課	220 元	選對人，做對事	220 元
先做人，後做事	220 元		

●都會健康館系列

書名	價格	書名	價格
秋養生—二十四節氣養生經	220 元	春養生—二十四節氣養生經	220 元

書名	定價	書名	定價
夏養生一二十四節氣養生經	220 元	冬養生一二十四節氣養生經	220 元
春夏秋冬養生套書	699 元（原價 880 元）	寒天 一０卡路里的健康瘦身新主張	200 元
地中海纖體美人湯飲	220 元	居家急救百科	399 元（原價 300 元）
病由心生 —365 天的健康生活方式	220 元	輕盈食尚 —健康腸道的排毒食方	220 元
樂活，慢活，愛生活 一健康原味生活 501 種方式	250 元	24 節氣養生食方	250 元
24 節氣養生藥方	250 元	元氣生活—日の舒暢活力	180 元
元氣生活 一夜の平靜作息	180 元	自療 —馬悅凌教你管好自己的健康	250 元
居家急救百科（平裝）	299 元	秋養生一二十四節氣養生經	220 元
冬養生一二十四節氣養生經	220 元	春養生一二十四節氣養生經	220 元
夏養生一二十四節氣養生經	220 元	遠離過敏—打造健康的居家環境	280 元
溫度決定生老病死	250 元	馬悅凌細說問診單	250 元
你的身體會說話	250 元		
● CHOICE 系列			
入侵鹿耳門	280 元	蒲公英與我—聽我說說書	220 元
入侵鹿耳門（新版）	199 元	舊時月色（上輯＋下輯）	各 180 元
清塘荷韻	280 元	飲食男女	200 元
梅朝榮品諸葛亮	280 元	老子的部落格	250 元
孔子的部落格	250 元	翡冷翠山居閒話	250 元
大智若愚	250 元	野草	250 元
清塘荷韻（二版）	280 元	舊時月色（二版）	280 元
●大旗藏史館			
大清皇權遊戲	250 元	大清后妃傳奇	250 元
大清官宦沉浮	250 元	大清才子命運	250 元
開國大帝	220 元	圖說歷史故事—先秦	250 元
圖說歷史故事—秦漢魏晉南北朝	250 元	圖說歷史故事—隋唐五代兩宋	250 元
圖說歷史故事—元明清	250 元	中華歷代戰神	220 元
圖說歷史故事全集	880 元（原價 1000 元）	人類簡史—我們這三百萬年	280 元
世界十大傳奇帝王	280 元	中國十大傳奇帝王	280 元
歷史不忍細讀	250 元	歷史不忍細讀 II	250 元
●大都會運動館			
野外求生寶典 一活命的必要裝備與技能	260 元	攀岩寶典 一安全攀登的入門技巧與實用裝備	260 元
風浪板寶典 一駕馭的駕馭的入門指南與技術提升	260 元	登山車寶典 一鐵馬騎士的駕馭技術與實用裝備	260 元
馬術寶典—騎乘要訣與馬匹照護	350 元		
●大都會休閒館			
賭城大贏家 一逢賭必勝祕訣大揭露	240 元	旅遊達人 一行遍天下的 109 個 Do & Don't	250 元
萬國旗之旅—輕鬆成為世界通	240 元	智慧博奕—賭城大贏家	280 元

作　　者	白宜弘、趙滌、大都會文化編輯部
攝　　影	陳怡仲
發 行 人	林敬彬
主　　編	楊安瑜
編　　輯	李彥蓉
美術編排	Chris' Office
封面設計	Chris' Office
出　　版	大都會文化　行政院新聞局北市業字第89號
發　　行	大都會文化事業有限公司 110台北市信義區基隆路一段432號4樓之9 讀者服務專線：（02）27235216 讀者服務傳真：（02）27235220 電子郵件信箱：metro@ms21.hinet.net 網　　　址：www.metrobook.com.tw
郵政劃撥	14050529 大都會文化事業有限公司
出版日期	2010年4月初版一刷
定　　價	280元
ISBN	978-986-6846-86-1
書　　號	Money-14

4F-9, Double Hero Bldg., 432, Keelung Rd., Sec. 1,
Taipei 110, Taiwan
Tel:+886-2-2723-5216　Fax:+886-2-2723-5220
Web-site:www.metrobook.com.tw
E-mail:metro@ms21.hinet.net

國家圖書館出版品預行編目資料

路邊攤賺大錢. 精華篇 / 白宜弘, 趙滌, 大都會文化編輯部著.
-- 初版. -- 臺北市：大都會文化, 2010.04
面；公分. -- (Money；14)
ISBN 978-986-6846-86-1 (平裝)
1. 餐飲業　2. 小吃　3. 創業
483.8　　99001782

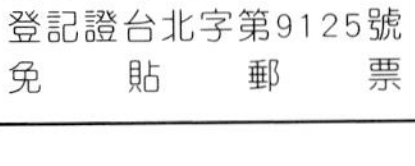
北區郵政管理局
登記證台北字第9125號
免貼郵票

大都會文化事業有限公司

讀者服務部收

110臺北市基隆路一段432號4樓之9

寄回這張服務卡(免貼郵票)

您可以：

◎不定期收到最新出版信息

◎參加各項回饋優惠活動

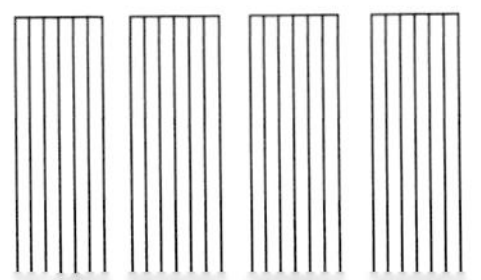

大都會文化　讀者服務卡

書名：Money-014 路邊攤賺大錢14【精華篇】

謝謝您選擇了這本書！期待您的支持與建議，讓我們能有更多聯繫與互動的機會。
日後您將可不定期收到本公司的新書資訊及特惠活動訊息。

A. 您在何時購得本書：______年______月______日

B. 您在何處購得本書：____________書店，位於____________(市、縣)

C. 您從哪裡得知本書的消息：

1.□書店　2.□報章雜誌　3.□電台活動　4.□網路資訊
5.□書籤宣傳品等　6.□親友介紹　7.□書評　8.□其他

D. 您購買本書的動機：（可複選）

1.□對主題或內容感興趣　2.□工作需要　3.□生活需要
4.□自我進修　5.□內容為流行熱門話題　6.□其他

E. 您最喜歡本書的：（可複選）

1.□內容題材　2.□字體大小　3.□翻譯文筆　4.□封面　5.□編排方式　6.□其他

F. 您認為本書的封面：1.□非常出色　2.□普通　3.□毫不起眼　4.□其他

G. 您認為本書的編排：1.□非常出色　2.□普通　3.□毫不起眼　4.□其他

H. 您通常以哪些方式購書：(可複選)

1.□逛書店　2.□書展　3.□劃撥郵購　4.□團體訂購　5.□網路購書　6.□其他

I. 您希望我們出版哪類書籍：（可複選）

1.□旅遊　2.□流行文化　3.□生活休閒　4.□美容保養　5.□散文小品
6.□科學新知　7.□藝術音樂　8.□致富理財　9.□工商企管　10.□科幻推理
11.□史哲類　12.□勵志傳記　13.□電影小說　14.□語言學習（_____語）
15.□幽默諧趣　16.□其他

J. 您對本書(系)的建議：

K. 您對本出版社的建議：

讀者小檔案

姓名：______________ 性別：□男　□女　生日：____年____月____日

年齡：□20歲以下 □21～30歲 □31～40歲 □41～50歲 □51歲以上

職業：1.□學生 2.□軍公教 3.□大眾傳播 4.□服務業 5.□金融業 6.□製造業
7.□資訊業 8.□自由業 9.□家管 10.□退休 11.□其他

學歷：□國小或以下 □國中 □高中／高職 □大學／大專 □研究所以上

通訊地址：

電話：（H）______________（O）______________ 傳真：____________

行動電話：______________ E-Mail：______________________

◎謝謝您購買本書，也歡迎您加入我們的會員，請上大都會文化網站 www.metrobook.com.tw 登錄您的資料。您將不定期收到最新圖書優惠資訊和電子報。

度小

系列

度小

系列